傅傑注譯

新譯三略讀本

三民書局印行

國家圖書館出版品預行編目資料

新譯三略讀本／傅傑注譯.--初版.--
臺北市：三民，民85
面；　公分.--(古籍今注新譯叢書)
ISBN 957-14-2414-5（精裝）
ISBN 957-14-2415-3（平裝）

1. 三略-注釋　2. 兵法-中國

592.095　　85011005

國際網路位址　http://sanmin.com.tw

ⓒ 新譯三略讀本

注譯者　傅　傑
發行人　劉振强
著作財產權人　三民書局股份有限公司
　　　　臺北市復興北路三八六號
發行所　三民書局股份有限公司
　　　　地　址／臺北市復興北路三八六號
　　　　郵　撥／〇〇〇九九九八－五號
印刷所　三民書局股份有限公司
門市部　復北店／臺北市復興北路三八六號
　　　　重南店／臺北市重慶南路一段六十一號
初　版　中華民國八十六年一月
編　號　S 03125①
基本定價　叁元捌角
行政院新聞局登記證局版臺業字第〇二〇〇號

ISBN 957-14-2414-5（精裝）

刊印古籍今注新譯叢書緣起

劉振強

人類歷史發展，每至偏執一端，往而不返的關頭，總有一股新興的反本運動繼起，要求回顧過往的源頭，從中汲取新生的創造力量。孔子所謂的述而不作，溫故知新，以及西方文藝復興所強調的再生精神，都體現了創造源頭這股日新不竭的力量。古典之所以重要，古籍之所以不可不讀，正在這層尋本與啟示的意義上。處於現代世界而倡言讀古書，並不是迷信傳統，更不是故步自封；而是當我們愈懂得聆聽來自根源的聲音，我們就愈懂得如何向歷史追問，也就愈能夠清醒正對當世的苦厄。要擴大心量，冥契古今心靈，會通宇宙精神，不能不由學會讀古書這一層根本的工夫做起。

基於這樣的想法，本局自草創以來，即懷著注譯傳統重要典籍的理想，由第一部的四書做起，希望藉由文字障礙的掃除，幫助有心的讀者，打開禁錮於古老話語中的豐沛寶藏。我們工作的原則是「兼取諸家，直注明解」。一方面熔鑄眾說，擇善而從；一方面也力求明白可喻，達到學術普及化的要求。叢書自陸續出刊以來，頗受各界的喜愛，使我們得到很大的鼓勵，也有信心繼續推廣這項工作。隨著海峽兩岸的交流，我們注譯的成員，也由臺灣各大學的教授，擴及大陸各有專長的學者。陣容的充實，使我們有更多的資源，整理更多樣化的古籍。兼採經、史、子、集四部的要典，重拾對通才器識的重視，將是我們進一步工作的目標。

古籍的注譯，固然是一件繁難的工作，但其實也只是整個工作的開端而已，最後的完成與意義的賦予，全賴讀者的閱讀與自得自證。我們期望這項工作能有助於為世界文化的未來匯流，注入一股源頭活水；也希望各界博雅君子不吝指正，讓我們的步伐能夠更堅穩地走下去。

新譯三略讀本 目次

導讀

《三略》是中國古代一部重要的兵書，在宋元豐三年（西元一〇八〇年），由宋神宗下詔頒定，與《孫子》、《吳子》、《六韜》、《司馬法》、《尉繚子》及《李衛公問對》並為《武經七書》之後，更成為一部擁有眾多讀者與研究者的典籍。

然而它的著者，卻至今仍是一個謎。歷史上曾把這部書的著作權歸屬給一個也許從未存在過的人——黃石公（所以本書也被題之為《黃石公三略》），就是《史記・留侯世家》中那位神出鬼沒、善料事變、促張良成大業、最後化作黃石的圯上老人。張良因謀刺秦始皇而遭通緝，隱姓埋名，亡匿下邳（江蘇省邳縣），在圯上也就是一座橋上遇一老人，在張良忍氣耐煩地經受了一系列考驗之後，老者出一編書，稱「讀此則為王者師矣」，並預言其「後十年興」，這本張良此後常常誦讀並用之以成大業的秘籍，名為《太公兵法》，有人認為就是今本《三略》。

但，這個推論並未得到公認。黃石公的故事，只是一個傳說，頗雜神異氣息，不必皆為實事，連它的記述者司馬遷也志疑說：「學者多言無鬼神，然言有物。至如留侯所見老父予書，亦可怪矣。」此其一。古來托名於黃石公的兵書甚夥，即使上述傳說為真，而《太公兵法》亦未必就是今本《三略》。馬端臨《文獻通考．經籍考》引真德秀評《三略》語，以為「子房號稱善用兵，然最所得者，不過『與物推移，變化無方，因敵轉化，動而輒隨』數語耳。以此推之，則今傳於世者，子房所受書也。」這種推論，實在過於簡單，不足以言考據，是不能憑信的。此其二。據《漢書．藝文志》的記載，漢興，曾由張良、韓信負責全面整理兵書，凡百八十二家，刪取要用，定著三十五家，而在《漢書．藝文志》這部帶有總結性的中國最早的國家書目中，卻根本沒有關於《三略》的著錄。此其三。

然而將《三略》視為圯上老人黃石公的著作，卻也早有這個說法。《三略》最早著錄，始於《隋書．經籍志》，然而在〈隋志〉之前，已經以《黃石公記》的名稱流傳於世。《後漢書．臧宮傳》引漢光武帝詔書，有「《黃石公記》曰：柔能制剛，弱能制強。柔者，德也；剛者，賊也。弱者，亡之助也；強者，怨之歸也。」這段話正合於《三略．上略》所引的

《軍識》。《太平御覽》等類書所引用《黃石公記》的文字，也多可以在《三略》中找到，說明古人是以《三略》即為黃石公所授的《太公兵法》。古代書籍流傳，與印刷術昌明的近代以後大不相同，由最近銀雀山、馬王堆等漢墓出土古籍的情況來看，《漢書・藝文志》也並未蒐羅著錄所有漢代所見的古籍，因此《三略》是否即圯上老人所授的《太公兵法》，目前仍然無法論斷，不過《三略》至少成於漢代，而書中所著眼的歷史形勢，也扣合「秦失其鹿，天下共逐之」的群雄競起時局，這是我們在評論《三略》的真偽問題時，不能不注意到的重點。

此外關於圯上老人所傳之書，歷來還有兩種說法，一種是宋張商英注《素書》所提到的，認為《素書》才是留侯得自黃石公的原本，死後隨葬墓中，後為盜墓者所得，才重新流傳。這個說法相信的人並不多。另一說是老人所授《太公兵法》即《漢書・藝文志》中著錄的《太公》，但《太公》卷帙龐大，達二百三十七篇，其中兵法亦有八十五篇，似乎不可能如故事中說的，由老人「出一編書」，交給張良，因此質疑者也不在少數。這兒不宜作詳細的考證與論斷，僅收汪宗沂所輯佚的《太公兵法》，與張商英注《素書》作為附錄，提供讀者參考。

無論如何，就《三略》本身的價值來說，這也是值得一讀的好書，這主要是因為，它廣泛汲取了先秦以來儒法黃老諸家思想中若干切合於用的成份，簡明扼要地提出了一些治國治軍所應該遵循的原則和可以實行的方法，我們前面提到過的真德秀序云，深昧《三略》，則「其言治國養民法度，與儒者指意不悖；而斂藏退守、不為物先之意，則黃、老遺言也」，倒不失為中肯之論。

《三略》並沒有嚴密的系統，涉及的問題比較多，而篇幅無多，所以對其內容，既不能也不必作面面俱到的分析。不過，其中有幾個治國治軍的要點，倒是可以特別提出來談一談的。

一、務得人心

中國歷史很早就昭示出得人心者得天下、失人心者失天下的真理，古代有識見的政治家、思想家也無不強調民意的重要。周公就已明確主張「保民」，提出君主「當於民監」；孔子立主「仁政」；孟子則更發出了「民為貴，社稷次之，君為輕」的名言。《三略》承其統緒，也十分重視民意對定國安邦、克敵制勝所起的作用，在卷首便開宗明義地提出了「與眾同好靡不成，與眾同惡靡不傾。治國安家，得人也；亡國破家，失人也」這樣堪稱警句的觀點，並將這一觀點貫穿全書，反複申論。它把好的政治，分為「賢人之政」和「聖人之政」兩種境界，其劃分的標準是前者「降人以體」，而後者能「降人以心」，只有降人以心，才能永保安定。降心的方法，則在「樂」，這個樂，不只是音樂，而是「謂人樂其家，謂人樂其族，謂人樂其業，謂人樂其都邑，謂人樂其政令，謂人樂其道德」，也就是要使人對其現實所處的生活環境和生存方式，一切都發諸內心地感到滿意——一言以蔽之，正是「得人心」——只有達到這般境地的「樂人者」，才能「久而長」，否則必定「不久而亡」。

而俗世的君主何足語此！他們一味「行虐」，「賦斂重數，刑罰無極」，以致「民相殘賊」，使民不得休息，使國不得安寧。《三略》著者指出，「世能祖祖，鮮能下下」，然而「祖祖為親」，人皆能之，而惟「下下為君」，才正是君主應該致力的所在，並提出了保證民眾安居樂業的具體措施：「務耕桑不奪其時，薄賦斂不匱其財，罕徭役不使其勞」，只有這樣，才能國富民樂，也才能有效死致勝的軍隊，因為「以寡勝眾者，恩也；以弱勝強者，民也」，所以「興師之國，務先隆恩；攻取之國，務先養民」。

由於有了這樣的政治思想作基礎，決定了在軍事思想上，《三略》也是不主好戰，而強調理想的「王者」在能「制人以道，降心服志」，「雖有甲兵之備，而無鬥戰之患」，「兵者不祥之器」，不得已而用之。一部兵書而能見及於此，也是難能可貴的。

二、務攬賢才

得民心與攬賢才，在《三略》著者看來，正是「為國之道」中的關鍵甚至全部：「夫為國之道，恃賢與民。信賢如腹心，使民如四肢，則策無遺。所適如支體相隨，骨節相救，天道自然，其巧無間。」在同書中，著者又用「幹」與「本」來代替這裡的「腹心」與「四肢」之喻：「英雄者，國之幹；庶民者，國之本。得其幹，收其本，則政行而無怨。」一個國家，一支軍隊，能否舉賢使能，是直接影響於一國一軍的安危盛衰的大事，《三略》對此有充分的認識，一再告誡：「賢人所歸，則其國強；聖人所歸，則六合同。」「賢去則國微，聖去則國乖。微者危之階，乖者亡之徵。」這種沉痛之語，實在是歷史教訓的總結，所謂殷鑑不遠，正可復按。「賢者所適，其前無敵」，然而嫉賢妒能，也是人性中最難克服的弱點之一，賢人當前，有這弱點的上司，會怕因此而影響自己的權威；有這弱點的同僚，會怕因此而影響自己的地位，於是越負才能越遭嫉恨，越易受到厄運摧壓，這常常成為有目共睹的可怕規律。也正有鑑於此，《三略》著者提出了嚴肅的警告：一是必須保護他們，堅決重用：「傷賢者，殃及三世；蔽賢者，身受其害；嫉賢者，其名不全。」只有「進賢者」才能「福流子孫」，故應「急於進賢」。二是必須信任他們，放手使用，處高位者應該「能受諫，能聽訟，能納人，能採言」，「將者能思士如渴，則策從焉；夫將拒諫，則英雄散；策不從，則謀士叛」。這些顯然還都沒有成為過時之論。

三、務摒姦邪

忠姦之辨，有如水火，欲舉賢才，必摒姦邪，這其間是沒有調和的餘地的。這既是歷史的經驗，也早為《三略》的著者所認識。他在書中明示，國家或軍隊在用人方面，只存在著兩種選擇，只會出現兩種狀況，或則「主聘儒賢，姦雄乃遯」，或則「賢者隱蔽，不肖在位」，正義與邪惡的鬥爭結果，直接影響於國家的治亂興衰，而這種鬥爭，在一定的階段或範圍內，並不總是正能壓邪的，因為姦邪的力量較諸正義的力量，往往更具手腕。這些手腕，沒有一種能逃出《三略》著者的洞察，他見得太多了，因而也太熟悉它們了，他將之一一揭露出來以示眾：這群小人，或「內貪外廉，詐譽取名，竊公為恩，令上下昏。飾躬正顏，以獲高官」；或「群吏朋黨，各進所親，招舉姦枉，抑挫仁賢，背公立私，同位相訕」；或「葛藟相連，種德立恩，奪在位權，侵侮下民」；或「世世作姦，侵盜縣官，進退求便，委曲弄文，以危其君」；或「引威自與，動違於眾，無進無退，苟然取容，專任自己，舉措伐功，誹謗盛德，誣述庸庸，無善無惡，皆於己同」，如此等等，不一而足。這不啻是一篇詳明剴切的「辨姦論」了。在列舉了這種種姦邪行徑之後，《三略》明確指出：「賢臣內，則邪臣外；邪臣內，則賢臣斃」，君主不可不慎，如果用人失宜，進賢不力，摒姦不決，就會「國受其害」。「若用佞人，必遭禍殃」，歷代君主應該不至於昏聵到連這樣的常識都不具備，然而為什麼在從古迄今的歷史上，姦臣總是代有傳人，不能滅族絕種呢？這一方面，確如《三略》所分析的，是因為「姦雄相稱，障蔽主明，毀譽並興，壅塞主聰」，君主受了蒙蔽；另一方面，也因為——正如一位十七世紀的法國文士拉布呂耶爾所指出的——統治者，即使是堪稱不壞的統治者，「也需要有幾個惡棍為他效力：總有些事你無法請求正派人去做」的緣故吧！

四、務先正己

要成為合格而稱職的治國治軍者，須具有相應的抱負，相應的氣度，相應的學問，相應的能力，比如說，要「能清，能靜，能平，能整」，比如說，要「能知國俗，能圖山川，能表險難，能制軍權」，但還有最重要卻最易為人忽視的一條，就是欲正人，先正己。《三略》很精闢地指出：「舍己而教人者逆，正己而化人者順。」而把自己當作享有特權的例外，只知道教訓他人的行為，不僅不可能起什麼正面作用，反而正是「亂之招」，只有正己而教人，才是「治之要」。統治者能否嚴於正己，正是其能否得人心、攬賢才的條件。就國家言，「義者不為不仁者死，智者不為暗主謀」，君主的無德往往導致臣下的叛離；就軍隊言，將帥要想指揮得力，就要以身作則，身先士卒，「必與士卒同滋味而共安危」，才能在對敵作戰中獲得全勝，「推惠施恩，士力日新，戰如風發，攻如河決。故其眾可望而不可當，可下而不可勝。以身先人，故其兵為天下雄」。什麼叫做「以身先人」？《三略》引錄了《軍讖》上的話，就是「軍井未達，將不言渴；軍幕未辦，將不言倦；軍竈未炊，將不言飢；冬不服裘，夏不操扇，雨不張蓋，是謂將禮」，簡而言之，就是操勞在前，享樂在後。還要「為者則己，有者則士」，自己負起責任，功勞歸屬兵士，而不是相反，見了功勞就搶，出了問題就推。果如是，那真是古風可式了。在正面舉例後，《三略》又從反面告誡將領，不可「專己」——剛愎自用；不可「自伐」——自我居功；不可「貪財」——貪圖財貨；不可「內顧」——迷戀女色，這些毛病，有了一種，就會「眾不服」；有了兩種，就會「軍無式」；有了三種，就會「下奔北」；有了四種，就會「禍及國」。治軍如此，治國如此。可惜古來歷史上的執政統兵者，數病兼具卻又全然不以為病者，屢見不鮮，也就宜其不得善終了。

對於《三略》其書，歷來評價不一，既有崇揚備至者，亦不無貶抑不屑者。《四庫全書總目提要》引錄了戴少望《將鑑》語，以為《三略》通於道而適於用，可以立功而保身，而詳論曰：「其著書大旨出於黃老，務在沈幾觀變，先立於不敗，以求敵之可勝，操術頗巧，兵家或往往用之」；著《郡齋讀書志》的晁公武，也稱「是書論用兵機權之妙，嚴明之決，明妙審決，軍可以死易生，國可以存易亡」；而《提要》同時引錄的鄭瑗《井觀瑣言》語，則謂《三略》純是剽竊老氏遺意，迂緩支離，不適於用，其知足戒貪等語，蓋因子房之明哲而為之辭，非子房反有得於此，其非圯橋授受之書明甚。今觀抑之者諸語，則主要在辨其言不古，非黃石公授張良者，並不是說其書一無是處；而揚之者所提到的作用，則要看讀者的理解能力與運用能力，同一本書，對不同的讀者，所起的作用往往是不同的，這裡有個「接受」問題，所以我們也不好說推崇者的話，都是不實之辭。

《三略》傳世之後，即不乏引證與注釋者，自宋代被列為《武經》，注者更夥，可謂代有其人，即中較有代表性的，有宋代施子美的《三略講義》，明代劉寅的《三略直解》，清代朱庸的《三略彙解》等，都曾多次印行，廣為流傳。《三略》還曾越過國界，傳播到了日本和朝鮮等國，產生了廣泛的影響。

本書的注釋，係以宋《武經七書》白文本作為底本，並斟酌各本參校，限於叢書體例，校勘處不另一一注出。若干異體字，亦逕以正體字代替。

上略

【題解】

在〈上略〉中，著者主要通過引述《軍讖》之語，闡發了治國統軍中的重要問題，其要點在於修禮義、重民意、明賞罰、摒姦邪。在論述中頗能注意在用人謀事等方面矛盾的對立轉化，主張根據不同的情況，採取不同的對策。而最具體也最精彩的部分，是前半部分中對優秀將領所作的要求和後半部分中對姦邪小人所作的針砭，就是今人也能從中得到不少啟迪。

夫主將❶之法，務攬❷英雄之心，賞祿有功，通志於眾。故與眾同好，靡不成；與眾同惡，靡不傾❸。治國安家，得人也；亡國破家，失人也。含氣之類❹，咸願得其志。

【章旨】

本章拈出「通志」作為成功的關鍵，因為「含氣之類，咸願得其志」，人具有自我實現的意志，在上位者能認識並結合於這個意志，必能無所不傾，無所不成。《六韜・發啟》中說：「與人同病相救，同情相成，同惡相助，同好相趨，故無甲兵而勝，無衝機而攻，無溝壍而守。」「利天下者，天下啟之；害天下者，天下閉之。」與本章正可印證，均說明了黃老用兵的「柔道」特色。

【注釋】

❶主將　統帥。
❷攬　招攬；收束。
❸傾　傾覆；敗亡。
❹含氣之類　氣，指生命、意識。在這裡是指人。

【語譯】

擔任主帥的要領，最要緊的是一定要收住豪傑之士的心，賞賜財物給有功的人，使自己的意志與眾人一致。因此跟眾人有一致的心願，就沒有辦不成的事情，跟眾人有一致的仇恨，就沒有打不垮的敵人。國家得到治理，家邦得到安寧，是得人心的緣故；國家遭到覆滅，家邦遭到殘毀，是失人心的緣故。因為具有意識的人，都是想要實現自己的意志的。

《軍讖》❶曰：「柔能制剛，弱能制強。」柔者，德❷也；剛者，賊❸也。弱者人之所助；強者怨之所攻。柔有所設，剛有所施，弱有所用，強有所加：兼此四者而制其宜。端末未見，人莫能知，天地神明❹，與物推移，變動無常，因敵轉化，不為事先，動而輒隨。故能圖制無疆❺，扶成天威。匡正八極❻，密定❼九夷❽。如此謀者，為帝王師。故曰：莫不貪強，鮮能守微。若能守微，乃保其生。聖人存之，動應事機。舒之彌四海，卷之不盈懷，居之不以室宅，守之不以城郭，藏之胸臆，而敵國服。《軍讖》曰：「能柔能剛，其國彌光。能弱能強，其國彌彰。純柔純弱，其國必削。純剛純強，其國必亡。」

【章旨】

以柔弱勝剛強，這本是影響深遠的《老子》書中的辯證哲學思想。這裡則從政治與軍事等實際鬥爭的角度對之進行了具體的闡發，說明必須根據事物變化的不同情況，採取或柔或剛的不同對策，不可一味貪強，亦不可一味示弱，使其各有所宜，始能無往不勝。

【注釋】

❶軍讖　古兵書名，已佚。讖是預言將來的文字，據此推測《軍讖》可能是一部預言軍隊勝敗吉凶禍福的書。

❷德　這裡指生養的品質。

❸賊　這裡指消滅萬物的品質。
❹天地神明　這裡代指自然與社會中的各種事物。
❺無疆　無所限制。即無往不利。
❻八極　八方極遠的地方。
❼密定　安定。密，通「宓」。與「定」同義。
❽九夷　古代東方部族的泛稱。

【語譯】

《軍讖》指出：「柔的能夠制服剛的，弱的能夠制服強的。」「柔」是長養的品質，「剛」是肅殺的品質。弱者容易得到一般人的援助，強者容易引起怨恨者的攻擊。既能具備「柔」的一面，又能實行「剛」的一面，既能使用「弱」的一面，又能施加「強」的一面，應能兼備這四種品質，並適宜地加以變化運用。事物始末沒有顯露，人們對之無從知悉，自然社會精微奧妙，隨著萬物一同變易，一切都是這樣變動無常，就應根據敵情改變對策，不宜事先就立定規成法，而應隨時跟上形勢的變化。這樣才能圖謀制勝無往不利，輔佐君王樹立無上的權威，拯濟天下各方，安定眾多異族。能有這樣謀略的人，可以成為帝王的老師。所以說，人沒有不好強的，卻很少有能把握柔弱剛強的微妙變化的。若是能夠把握這些微妙變化，就可以保有自己的生命。聖明的人把握了它，就可以應合事物的奧妙，運用起來可以影響天下，收斂起來可以藏於胸懷，安置它不必用房屋，守護它不必用城郭，只藏它在胸中，就可以使敵國屈服。《軍讖》指出：「既能用柔又能用剛，國家就更光大；既能用弱又能用強，國家就更輝煌，一味地用柔用弱，國家必定會被削弱，一味地用剛用強，國家必定走向滅亡。」

夫為國之道，恃賢與民，信賢如腹心，使民如四肢，則策無遺。所適[1]如支[2]體相隨，骨節相救，天道自然，其巧無間。軍國之要，察眾心，施百務，危者安之，懼者歡之，叛者還之，冤者原[3]之，訴者察之，卑者貴之，強者抑之，敵者殘[4]之，貪者豐之，欲者使之，畏者[5]隱之[6]，謀者近之，讒者覆[7]之，毀者復[8]之，反者廢之，橫者挫之，滿者[9]損之，歸者招之，服者居之，降者脫[10]之。獲固守之，獲阨[11]塞之，獲難屯之，獲城割之，獲地裂之，獲財散之，敵動伺之，敵近備之，敵強下之，敵佚[12]去之，敵陵[13]待之，敵暴綏[14]之，敵悖義之，敵睦攜[15]之，順舉挫之，因勢破之，放言[16]過之，四網羅之。得而勿有[17]，居而勿守，拔而勿久，立而勿取。為者則己，有者則士，焉知利之所在，彼為諸侯，己為天子，使城自保，令士自處[18]。

【章旨】

說明治國的重要手段，在於任用賢人，不失民心，根據敵我雙方的各種具體情況，採取各種不同的對策。

【注釋】

❶所適　所往。即所做之事。
❷支　同「肢」。
❸原　還原。即平反之意。
❹殘　摧毀；殲殺。
❺畏者　這裡指有誤失罪過而怕為人所知的人。
❻隱　掩藏。
❼覆　傾覆。即推翻、不信從。
❽復　指反複核實，不輕信。
❾損　損抑；謙退。
❿脫　指開脫其罪。即赦免。
⓫阨　險隘。

⑫佚　通「軼」。超過。

⑬陵　指士氣高昂。

⑭綏　與「暴」相對。安撫。

⑮攜　離間。

⑯放言　任意不實之言。

⑰勿有　不要歸功於自己。

⑱為者則己七句　句意不甚明瞭，劉寅《三略直解》認為其中有闕文誤字。不過若對照文義，應該就是《六韜・文師》中所說的：「魚食其餌，乃牽於緡；人食其祿，乃服於君。」「同天下之利者，則得天下；擅天下之利者，則失天下。」說明君主所以能結賢納士，得眾愛戴，在於不貪得獨佔利益。眾士甘為諸侯，自己自然成為天子，這才是大利所在。項羽在秦亡之後，因分封不公，引起齊國反叛，乃至楚漢相爭，是這一段話的反證；劉邦接受張良的意見，聽任韓信自封齊王，終得韓信助力擊敗項羽，則是正面的例證。

【語　譯】

治理一個國家的途徑，在於依靠賢士與民眾。信任賢士如同自己的心腹，使喚民眾如同自己的四肢，那就不會有失策的事了。走到哪裡都如同有肢體相跟隨，骨節相照應，像天生的萬物自然而然，巧妙得沒有絲毫的縫隙。統帥軍隊治理國家的關鍵，在於明察眾人的心理，採取各種不同的措施。使處境危險的得到安定，使心懷恐懼的得到歡悅，使叛離的得到回歸，使蒙冤的得到平反，使申訴的得到明察，使卑微的得到敬重，使逞強的受到抑制，使敵對的受到摧毀，使愛財的得到富足，使願出力的得到任用，使有隱私的得到保密，使有智謀的得到親近，使進讒言的沒有機會，使毀謗人的不易成功，對反叛的加以清除，使強橫的受到挫敗，使自滿的受到貶抑，使歸順的得到招撫，使順服的得到安置，使歸降的得到赦免。獲得了堅固的地方要保衛，獲得了險隘的地方要控制，獲得了危難的地方要屯守，獲得了城池就拿來分賞，獲得了土地就拿來分封，獲得了財貨就拿來分發。敵人行動時要注意偵察，敵人靠近時要注意防範，敵人強大時要示弱使他驕傲，敵人眾多時要避開他的鋒芒，敵人士氣高昂時要善於等待時機。對暴虐的敵人就用安撫來對付他，對背逆的敵人就用正義來對付他，對和睦的敵人就用離間來對付他。順應敵人的行動來挫敗他，根據敵人的勢頭來擊破他，散佈虛假情報使敵人發生過失，四面設下羅網使敵人遭受圍殲。建立了功績不可歸之於己，獲取了財貨不可守而不散，攻占城邑不可曠日持久，要立其國人執政而不可自取其位。謀事在自己，有功歸將士。怎麼知道這樣做的益處呢？別人做了諸侯，自己做了天子，使各城邑自己保持原狀，君主不妄加干涉，讓士子自己得以安居。

世能祖祖❶，鮮能下下❷，祖祖為親，下下為君。下下者，務耕桑，不奪其時，薄賦斂，不匱其財，罕徭役，不使其勞，則國富而家娛❸，然後選士以司牧❹之。夫所謂士者，英雄也。故曰：「羅其英雄，則敵國窮❺。」英雄者，國之幹；庶民者，國之本，得其幹，收其本，則政行而無怨。

【章　旨】

指出士與庶民乃一國之主幹，國君只有禮賢下士，愛護民眾，才能國泰民安。

【注釋】

❶祖祖　尊崇祖先。前「祖」字用如動詞。

❷下下　愛護民眾。前「下」字用如動詞。

❸娛　歡娛；歡樂。

❹司牧　舊把治民比作牧畜，因稱官吏為司牧。這裡用如動詞。掌管；管理。

❺窮　困窘。

【語譯】

當世的君主都能尊崇自己的祖先，但卻很少能愛護自己的民眾。尊崇祖先只是盡了親情，愛護民眾才是行了君職。愛護民眾的國君，致力於農耕蠶桑事業，不妨礙人民的農時；減輕賦稅，不使民財匱乏；減少徭役，不使民力疲困，那麼就會舉國富足，萬家歡樂，然後選任賢士去管理他們。這裡所說的士，就是傑出超邁的人物。所以說：「羅致了敵國中傑出超邁的人物，那麼敵國必會陷於困窘。」傑出超邁的人物，是國家的骨幹，眾多的平民百姓，是國家的根本，獲得了骨幹，掌握了根本，那麼政令就能順利推行而不會有任何怨言了。

夫用兵之要，在崇禮而重祿。禮崇則智士至，祿重則義士輕死。故祿賢不愛財，賞功不踰時，則下力并❶，敵國削。夫用人之道，尊以爵，贍❷以財，則士自來；接以禮，勵以義，則士死之。

【章　旨】

指出用兵之要訣在以隆重的禮節和優厚的俸祿羅致天下之士，為己所用。

【注釋】

❶并 合一。

❷贍 供養。

【語譯】

用兵的要訣，在於尊崇禮節與加重俸祿。禮節隆重，有智謀的文士就會自動前來；俸祿優厚，講忠義的武士就會不惜性命。所以優待賢士不要吝惜財貨，獎賞功臣不要拖延時日，那就會使屬下協力同心，敵國受到削弱。用人的方法是，用爵位尊崇他，用財貨供養他，那麼士就會自動前來；用禮節接待他，用忠義激勵他，那麼士就會捨身相報。

夫將帥者，必與士卒同滋味而共安危，敵乃可加❶。故兵有全勝，敵有全因❷。昔者良將之用兵，有饋簞醪者❸，使投諸河，與士卒同流而飲。夫一簞之醪，不能味一河之水，而三軍❹之士思為致死者，以滋味之及己也。《軍讖》曰：「軍井未達，將不言渴；軍幕❺未辦，將不言倦；軍竈未炊，將不言飢。冬不服裘，夏不操扇，雨不張蓋❻，是為將禮。」與之安，與之危，故其眾可合而不可離，可用而不可疲，以其恩素蓄、謀素合也。故曰：「蓄恩不倦，以一取萬❼。」

【章　旨】

指出將帥必須身先士卒，而又與之同甘共苦，才能上下一心，攻無不克。

【注釋】

❶加　凌加。引申為戰勝。

❷因　通「湮」。湮沒。

❸簞　用竹或葦做成的盛器。醪，酒。

❹三軍　春秋時大國多設有三軍，或為上中下，或為左中右。後用以統稱全軍。

❺軍幕　軍隊出征時施用的供將帥辦公的帳幕。

❻蓋　傘蓋。

❼以一取萬　指因一己「蓄恩不倦」而使萬眾依順效力。

【語譯】

做將帥的，一定要與士卒同甘苦共安危，才能戰勝敵人，因此能使我軍大獲全勝，而使敵軍徹底覆滅。從前有個優秀將領率領軍隊，有人饋贈他一簞美酒，他派人把酒投進河去，與眾士卒同流共飲。那一簞酒，固不能使一河水都帶上它的味道，然而全軍戰士卻因此情願拚死效力，這是因為將領同甘共苦的精神及於自身的緣故。《軍讖》指出：「軍井還沒有鑿成時，將帥不說口渴；軍帳還沒有升起時，將帥不說疲倦；軍竈還沒有燒煮時，將帥不說飢餓。冬天不獨自著皮衣，夏天不獨自用扇子，雨天不獨自張傘蓋，這才是做將帥的禮法。」與士卒同享安樂，與士卒共赴危難，因此他那眾多部屬就能凝聚而不會離散，就能任用而不會疲倦；因為歷來恩德積蓄，歷來用心合一。所以說：「將帥經常不倦地在士卒身上積蓄恩德，就能以一己的恩德換取萬眾的擁戴。」

《軍讖》曰：「將之所以為威者，號令也。戰之所以全勝者，軍政❶也；士之所以輕戰者，用命也。」故將無還令，賞罰必信；如天如地❷，乃可御人；士卒用命，乃可越境。

【章 旨】

申述令出即行、紀律嚴明對保證部隊戰鬥力的重要性。

【注 釋】

❶軍政　軍事行政。包括編制、裝備、管理等。

❷如天如地　像天上的日月星辰升降有期，像地上的草木花樹生長有時。比喻準確無誤。

【語 譯】

《軍讖》指出：「將帥之所以能樹立權威，依靠的是號令嚴明；戰鬥之所以能獲得全勝，依靠的是軍政整肅；士卒之所以不怕作戰，依靠的是服從命令。」因此將帥命令既出就不能收回，或賞或罰必須實行，就像天地運行一樣不可變易，才能統御眾人。士卒都能服從命令，才能出境征戰。

夫統軍持勢者，將也；制勝破敵者，眾也。故亂將❶不可使保軍，乖眾❷不可使伐人。攻城則不拔，圖❸邑❹則不廢，二者無功，則士力疲弊。士力疲弊，則將孤眾悖❺，以守則不固，以戰則奔北❻，是謂老兵❼。兵老則將威不行，將無威則士卒輕刑，士卒輕刑則軍失伍❽，軍失伍則士卒逃亡，士卒逃亡則敵乘利，敵乘利則軍必喪。

【章旨】

申說將帥治軍不力、士卒不聽號令，這樣的部隊必成一盤散沙，必致一敗塗地。

其意與上節同，只是上節從正面說，本節從反面說。

【注釋】

❶亂將　治軍不嚴、號令不明、指揮沒有法度的將帥。《孫子・地形篇》：「將弱不嚴、教道不明、吏卒無常、陳兵縱橫，曰亂。」

❷乖眾　指紀律敗壞的士卒。乖，違逆不順。

❸圖　謀取。

❹邑　與上「城」皆指一般城市。大的稱「城」，小的稱「邑」。

❺悖　悖亂忤逆。

❻奔北　敗走；敗逃。

❼老兵　指疲憊不中用的軍隊。

❽失伍　失去建制，流於混亂。古代軍制以五人為最基層編制單位，稱作「伍」。

【語譯】

統率軍隊掌握大勢的，是將帥；奪取勝利打敗敵人的，是士兵。所以治軍無方的將帥不能派他統率部隊，紀律敗壞的士兵不能用來攻伐敵人。攻打大城市不能將它拔除，謀取小城市不能將它拿下，二者都不成功，就會致使兵力疲乏困頓。兵力疲乏困頓，就會致使將帥孤立，士兵悖逆；用他們來防守就不會堅固，用他們來作戰就只能敗逃，這就叫不中用的軍隊。軍隊不中用了，那麼將帥的威嚴就不起作用了；將帥沒有了威嚴，那麼士卒就會不怕刑罰；士卒不怕刑罰，那麼軍隊就會流於混亂；軍隊流於混亂，那麼士卒就會逃亡；士卒逃亡，那麼敵人就會乘機進攻；敵人乘機進攻，那麼我軍必會敗亡。

《軍讖》曰：「良將之統軍也，恕❶己而治人，推惠施恩，士力日新，戰如風發，攻如河決。」故其眾可望而不可當，可下而不可勝。以身先人，故其兵為天下雄。

【章旨】

申說良將的推己及人、以身作則是提高部隊戰鬥力的關鍵。

【注釋】

❶恕　儒家的倫理規範。以仁愛之心推己及人以達到人際關係的和諧與感情的相通。

【語譯】

《軍讖》指出：「良將統率軍隊，能將心比心、設身處地地管教他人，廣施恩德，就能使部隊的戰鬥力一天勝似一天，作戰就像狂風驟發，進攻就像大河決堤。」因此這樣的軍隊，敵人只能仰望而不能抵擋，只能投降而不能戰勝。將帥身先士卒，因此他的軍隊就能稱雄天下。

《軍讖》曰：「軍以賞為表，以罰為裡❶。」賞罰明，則將威行；官人❷得，則士卒服；所任賢，則敵國震。

【章　旨】

指出賞罰分明是治軍的重要手段，而要使賞罰得當，令人誠服，則在任官得人。

【注　釋】

❶以賞為表以罰為裡　意指賞與罰相輔相成，缺一不可。

❷官人　官吏。

【語譯】

《軍讖》指出：「軍隊之中必須有賞有罰，二者互為表裡。」賞罰分明，那麼將帥的權威才起作用；官吏稱職，那麼士卒才會心服；所任用的都是賢才，那麼敵國必會懼怕。

《軍讖》曰：「賢者所適，其前無敵。」故士可下❶而不可驕，將可樂而不可憂❷，謀可深❸而不可疑。士驕則下不順，將憂則內外❹不相信，謀疑則敵國奮❺。以此攻伐則致亂。夫將者，國之命也。將能制勝，則國家安定。

【章旨】

說明君主應該信任將帥，禮賢下士，團結一心，才能攘外安內。

【注釋】

❶下　自示謙下。即表示尊重。
❷可樂而不可憂　言宜使其有受重用受信任之樂，而無被讒受害之憂。
❸深　深刻、周密。
❹內外　君治內事，將治外事，故此以「內」指君，以「外」指將。
❺奮　振作。

【語譯】

《軍讖》指出：「能夠吸引賢才歸附的國家，就能夠所向無敵。」所以對士應該尊重而不可驕橫，對將帥應該使他感到順暢而不可使他心懷憂慮；對謀略應該使之周密而不可猶疑。對士驕橫，那麼下屬就會不順服，使將帥心懷憂慮，那麼君臣之間就會互不信任，謀略猶疑，那麼敵國就會乘機振作起來。在這樣的狀況下去作戰，就會招致禍亂。將帥是國家的命脈。將帥能取得勝利，那麼國家才會安定。

《軍讖》曰：「將能清，能靜，能平，能整，能受諫，能聽訟❶，能納人，能採言，能知國俗，能圖山川❷，能表❸險難，能制軍權。」故曰，仁賢之智，聖明之慮，負薪❹之言，廊廟❺之語，興衰之事，將所宜聞。將者能思士如渴，則策從焉。夫將拒諫，則英雄散；策不從，則謀士叛；善惡同❻，則功臣倦；專己❼，則下歸咎；自伐❽，則下少功；信讒，則眾離心；貪財，則姦不禁；內顧❾，則士卒淫。將有一，則眾不服；有二，則軍無式❿；有三，則下奔北；有四，則禍及國。

【章旨】

從人品、氣度、知識、能力等多方面正面論述了一個稱職的將帥所應當具備的條件，又從反面列舉了不稱職的將帥的行為及其危害。

【注釋】

❶能聽訟　言能決斷是非。聽訟，聽理訴訟。
❷圖山川　言掌握山川形勢。
❸表　明瞭。
❹負薪　背柴。代指無官位的平民。
❺廊廟　指宮廷。

❻善惡同　言視好壞無差別。即賞罰不明。
❼專己　專逞己意，一意孤行。
❽自伐　自我誇耀。
❾內顧　顧念妻妾。言迷戀女色。
❿式　準則；規章。

【語譯】

《軍讖》指出：「將帥應該能清廉，能冷靜，能處事公平，能整頓軍紀，能接受勸諫，能明斷是非，能接納人才，能採擇忠言，能了解國情民俗，能掌握山川形勢，能明瞭險阻難關，能控制軍隊權力。」所以說，仁德之士的智謀，聰明之人的計慮，平民的議論，達官的意見，興盛衰敗的事跡，這些都是做將帥的所應當聽取的。做將帥的能熱切地渴慕人才，那麼各種計策就會隨之而來。做將帥的如果拒不接受勸諫，那麼人才就會離散；不採納計策，那麼謀士就會背叛；賞罰不明，那麼有功的人就會消極；一意孤行，那麼部下就會將過失推諉於上；自我誇耀，那麼部下就會懶於立功；聽信讒言，那麼大家就會懷有二心；貪圖財貨，那麼壞人壞事就會不斷；迷戀女色，那麼士卒就會淫亂。這些，將帥只要有了一條，那麼眾人就不會信服；有了兩條，那麼軍隊就會失去準則；有了三條，那麼部隊就會潰敗；有了四條，那麼就會給國家帶來禍害。

《軍讖》曰：「將謀欲密，士眾欲一，攻敵欲疾。」將謀密，則姦心閉；士眾一，則軍心結；攻敵疾，則備不及設。軍有此三者，則計不奪❶。將謀泄，則軍無勢；外闚內，則禍不制；財入營，則眾姦會。將有此三者，軍必敗。

【章旨】

論述了影響將帥統兵作戰成敗的三個要素。

【注 釋】

❶奪 差誤；過失。

【語 譯】

《軍讖》指出：「將帥的謀略要保密，部屬的心力要同一，攻擊敵人要迅疾。」將帥的謀略秘密，那麼姦邪之人只得死心；部屬的心力同一，那麼軍隊就會團結一心；對敵人的攻擊迅疾，那麼敵人就來不及作防備。軍隊具備了這三條，那麼計策就不會有差誤了。將帥的謀略洩露，那麼軍隊就不再有優勢；讓敵人窺探了內情，那麼禍患就不再能控制；不義之財流入兵營，那麼姦邪之人就會互相勾結。將帥具備了這三條，軍隊就必定要失敗。

將無慮，則謀士去；將無勇，則吏士恐；將妄動，則軍不重❶；將遷怒❷，則一軍懼。《軍讖》曰：「慮也，勇也，將之所重。動也，怒也，將之所用。」此四者，將之明誡也。

【章旨】

指出身為將帥者必須有勇有謀，不妄動，不遷怒，才能穩固軍心，整肅隊伍。

【注釋】

❶重　莊重；持重。

❷遷怒　將對某個人的怒氣發洩到另外的人身上。

【語譯】

將帥不善思慮，那麼謀士就會離去；將帥不夠英勇，那麼官兵就會驚恐；將帥輕舉妄動，那麼軍隊也不可能持重；將帥遷怒於人，那麼全軍都會感到畏懼。《軍讖》指出：「深謀遠慮，英勇無畏，是將帥最重要的品質；適時而動，應機而怒，是將帥據以行動的手段。」這四點，是將帥所應該記取的。

《軍讖》曰：「軍無財，士不來；軍無賞，士不往。」《軍讖》曰：「香餌之下，必有懸魚；重賞之下，必有死夫。」故禮者，士之所歸；賞者，士之所死。招其所歸❶，示其所死❷，則所求者至。故禮而後悔者，士不止；賞而後悔者，士不使。禮賞不倦，則士爭死。

【章旨】

強調用重禮厚賞的柔性手段才能獲結人心。《六韜》中說：「魚食其祿，乃牽於緡，人食其祿，乃服於君。故以餌取魚，魚可殺；以祿取人，人可竭。」是同樣的思考取向。

【注釋】

❶招其所歸　以「士之所歸」之「禮」相招。

❷示其所死　以「士之所死」之「賞」相示。

【語譯】

《軍讖》指出：「軍中沒有資財，士就不會前來；軍中沒有獎賞，士就不會前往。」《軍讖》上還說：「香餌之下，必定會有上鉤的魚；重賞之下，必定會有敢死的人。」所以使士樂於歸附的是禮；使士願意效死的是賞。用他所以樂於歸附的禮相招徠，用他所願意效死的賞相誘示，那麼好禮求賞的人都會到來。所以先以禮相待而後來改變了的，士就不願繼續留用；先以賞相誘而後來改變了的，士就不肯再受驅使。只有始終如一地崇禮行賞，那麼士才會不顧一切賣命。

《軍讖》曰：「興師之國，務先隆❶恩；攻取之國，務先養民。以寡勝眾者，恩也；以弱勝強者，民也。」故良將之養士，不易於身❷，故能使三軍如一心，則其勝可全。

【章旨】

指出只有在平時對軍民廣施恩惠，善加愛惜，才能在戰時充分喚起他們的熱情。

【注釋】

❶隆　多施；厚施。

❷不易於身　言如同對待自身一樣。即推己及人。

【語譯】

《軍讖》指出：「要興兵打仗的國家，務必先要厚施恩惠；要攻取敵國的國家，務必先要養育民眾。官兵得到了恩惠，就能以少勝多；民眾得到了養育，就能以弱勝強。」所以好的將帥愛護士眾，就像愛護自身一樣，因此就能使全軍上下萬眾一心，那樣就能取得徹底勝利。

《軍讖》曰：「用兵之要，必先察敵情：視其倉庫，度❶其糧食，卜❷其強弱，察其天地，伺其空隙。」故國無軍旅之難而運糧者，虛也；民菜色者，窮也。千里饋糧，民有飢色；樵❸蘇後爨❹，師不宿飽❺。夫運糧千里❻，無一年之食；二千里，無二年之食；三千里，無三年之食，是謂國虛。國虛則民貧，民貧則上下不親。敵攻其外，民盜其內，是謂必潰。

【章旨】

諺云：「兵馬未動，糧草先行。」國家富足，糧食充裕，是安國強兵的必要保證，否則必致國亂兵敗。

【注釋】

❶度　推測；估算。

❷卜　預測；估量。

❸樵　砍柴。蘇，打草。

❹爨　升火做飯。

❺不宿飽　猶言有上頓沒下頓。宿，隔夜、隔時。

❻千里　本節所說的千里、二千里、三千里，宋本原作百里、二百里、三百里。衡量當時情況，似乎不合情理，故依《武經七書匯解》改。

【語　譯】

《軍讖》指出：「用兵的要務，是一定要先明察敵情：了解他的軍需儲備，估算他的糧食供應，預測他的兵力強弱，洞察他的天象地況，探準他的漏洞疏誤。」所以當一個國家沒有戰爭的危難卻需要轉運糧食時，就是它空虛了；民眾都面帶菜色時，就是它貧窮了。糧食要從千里之外運來，民眾就會面有飢色；燒飯要臨時砍柴升火，軍隊就會經常挨餓。運送糧食一千里的損耗，就等於是國家一年的存糧；二千里，就是兩年的存糧；三千里，就是三年的存糧，這時國家就空虛了。國家空虛，那麼民眾就貧困了；民眾貧困，那麼上下就不同心了。外有敵人進攻，內有人民劫掠，國家必將崩潰。

《軍讖》曰：「上行虐則下急刻❶，賦斂❷重數❸，刑罰無極，民相殘賊❹，是謂亡國。」

【章旨】

指出統治者的施行暴政，必然招致亡國。

【注釋】

❶急刻　嚴峻苛刻。

❷賦斂　徵收稅捐。

❸數　屢次。

❹賊　殺。

【語譯】

《軍讖》指出：「君主暴虐，那麼臣下也會嚴峻苛刻，征斂賦稅又重又多，濫用刑罰不止，民眾互相殘殺，這就是要亡國了。」

《軍讖》曰：「內貪外廉，詐譽取名，竊公為恩❶，令上下昏。飾躬正顏❷，以獲高官，是謂盜端。」

【章旨】

指出表裡不一的偽君子，醞釀了大盜竊國的危機。

【注釋】

❶竊公為恩　利用公物來私施恩惠。

❷飾躬正顏　在外表上把自己裝扮得一本正經。躬，身體。正，端正。顏，面貌。

【語譯】

《軍讖》指出：「內心貪婪外表廉潔，製造假相騙取名譽，盜用公物以行私惠，使上下都不明真相，還偽裝成端莊正派的樣子，以此做上高官，這就是大盜的根端。」

《軍讖》曰：「群吏朋黨❶，各進所親。招舉姦枉❷，抑挫仁賢，背公立私。同位相訕❸，是謂亂源。」

【章　旨】

政治上官吏的結黨營私是國家的亂源。

【注　釋】

❶朋黨　同一類人所結成排斥異己的黨派。

❷枉　指不正直、不正派的人。

❸訕　詆毀、嘲弄。

【語　譯】

《軍讖》指出：「眾官吏們結黨營私，各自進用自己親近的人。招攬薦舉姦邪不正之徒，壓制打擊有德有才的人。背棄公道謀取私利，同僚之間相互毀謗，這就是禍亂的根源。」

《軍讖》曰：「強宗❶聚姦，無位而尊，威無不震。葛藟❷相連，種德立恩，奪在位權，侵侮下民。國內諠譁，臣蔽不言，是謂亂根。」

【章旨】

社會上大宗族勢力過度龐大，一方面將威脅國家權威，一方面將侵侮小老百姓，也應加以防範。

【注釋】

❶強宗　地方上人口眾多、勢力龐大的大家族。古代社會中這種大家族的家長往往是社會上的領導人物，有很大的影響力，因此是政府伸展權力時必須籠絡或壓制的對象。

❷葛藟　皆蔓生植物。這裡比喻豪門有複雜的關係網，像葛藟般蔓延相連。藟，藤。

【語譯】

《軍讖》指出：「豪門大族相聚為非作歹，沒有官位卻高高在上，威嚴無比。他們的勢力像葛藤一般蔓延相連，普施恩德於人，奪取當權者的權柄，侵害欺侮平民。國中議論紛多，群臣卻還隱瞞實情不說，這就是禍亂的根源。」

《軍讖》曰：「世世作姦，侵盜縣官❶，進退求便，委曲弄文，以危其君，是謂國姦。」

【章旨】

此節申誡須提防世襲貴族危害君權的可能。

【注釋】

❶縣官　此指天子。西漢時常稱天子為縣官。

【語譯】

《軍讖》指出：「世襲為官相沿作惡，侵占盜用天子的權柄，一切行為只為求得自己的便利，歪曲玩弄條文，來危害他的國君，這就是國家的姦賊。」

《軍讖》曰：「吏多民寡，尊卑相若，強弱相虜❶，莫適❷禁禦❸，延及君子❹，國受其咎❺。」

【章旨】

本節指出若授官過於浮濫，不能建立階序性的政治權力體系的威信，尊卑不分，將會危害國家秩序。

【注釋】

❶強弱相虜　言以強淩弱。

❷適　之；往。

❸禦　制止。

❹君子　古時稱在位作官的人為君子。

❺咎　害。

【語譯】

《軍讖》指出：「官多民少，尊卑不分，以強欺弱，不能禁止，這樣就會禍及在位的人，國家也會因此遭殃。」

《軍讖》曰：「善善❶不進，惡惡❷不退，賢者隱蔽，不肖在位，國受其害。」

【章旨】

指出忠姦不分，用人失當，必至危及國家。

【注釋】

❶善善　喜愛忠善的人。

❷惡惡　厭惡邪惡的人。

【語譯】

《軍讖》指出：「喜歡好人卻不進用，厭惡壞人卻不摒退，賢明的人隱沒不仕，邪惡的人占據權位，國家因此受到危害。」

《軍讖》曰：「枝葉❶強大，比周❷居勢，卑賤陵貴，久而益大；上不忍廢，國受其敗。」

【章 旨】

指出權力分散，下不服上，就不可能有效治理國家。

【注 釋】

❶枝葉　指宗室之旁支。

❷比周　接近。指結黨集勢。

【語 譯】

《軍讖》指出：「宗室旁支勢力強大，勾結起來形成力量，地位卑賤者淩駕在地位尊貴者之上，時間久了就更不可收拾。君上不忍廢除他們，國家就會因此毀敗。」

《軍讖》曰：「佞臣在上，一軍皆訟❶，引威自與❷，動違於眾，無進無退，苟然取容❸，專任自己，舉措伐❹功，誹謗盛德，誣述庸庸❺；無善無惡，皆與己同，稽留行事，命令不通，造作苛政，變古易常，若用佞人，必受禍殃。」

【章旨】

列舉佞人種種邪僻之行及其危害，以明無論治國治軍，擇人用人不可不慎。

【注釋】

❶訟　指物議紛紜，輿論譁然。

❷引威自與　仗勢橫行。

❸取容　討取君上歡心。即媚上之謂。

❹伐　誇。

❺誣述庸庸　以不實之詞稱述庸碌之徒。這與上舉的「誹謗盛德」正是「無善無惡，皆與己同」的具體表現。

【語譯】

《軍讖》指出：「佞邪的姦臣執掌了權柄，全軍上下都發出不平的議論。他們依仗權勢，為所欲為，行為違背眾人的利益，進退沒有一定的原則，只是一味地取悅於君上，剛愎自用，動輒誇功，對品德高尚的人就橫加誹謗，對庸碌無能之輩則妄加稱揚，好惡沒有一定的標準，一切都只看是不是與自己的利益相同；他們做事拖延積壓，上令不能及時下達，制定出嚴酷的政令，變改古制更換常規。國君要是任用這類姦佞之徒，必會遭受禍殃。」

《軍讖》曰：「姦雄相稱，障蔽主明；毀譽並興❶，壅塞主聰；各阿❷所私，令主失忠。」

【章　旨】

說明結黨營私的姦人蒙蔽君主的表現。

【注　釋】

❶毀譽並興　即上節所謂的「誹謗盛德，誣述庸庸」。指顛倒黑白的毀謗與吹捧。

❷阿　庇護。

【語　譯】

《軍讖》指出：「姦雄和姦雄相互標榜，從而遮蔽君主的眼睛；顛倒是非的毀謗與吹捧同時盛行，從而堵塞君主的耳朵；各自庇護自己的親信，從而使君主失去了忠臣。」

故主察異言，乃覩其萌；主聘儒賢，姦雄乃遯❶；主任舊齒❷，萬事乃理；主聘巖穴❸，士乃得實；謀及負薪，功乃可述，不失人心，德乃洋溢。

【章　旨】

本節提出防制被奸佞矇蔽的方法，即察異言、聘儒賢、任舊齒、聘巖穴、謀及負薪。

【注釋】

❶遯　通「遁」。

❷舊齒　指年高德劭的老人。

❸巖穴　山洞。這裡代指隱逸之士。

【語譯】

因此，君主只有仔細比對各種不同的意見，才能明瞭事物發展的苗頭；君主任用了有學問有賢德的人，那些姦雄就會退逃；君主任用有德的長者，萬事就會得到治理；君主任用隱逸的才士，他們就會發揮出實際的才幹；謀事能夠探詢基層的民意，才能成就值得稱頌的功業，不失掉人心，功德就會遍及四方。

中略

【題解】

本卷首先分辨了「帝者」、「王者」、「霸者」等不同歷史階段的不同特點，以明權謀之術是因世風衰變而日益顯示出其作用，指出君主必須「觀盛衰，度得失，而為之制」。其下則多側面地論述了君臣之間的關係學，既還不失風度地提醒雙方各須有「德」，更提出了雙方相互轄制的謀略，並直言不諱地指出其著作目的，在於使君主精通後能「御將統眾」，使人臣精通後能「全功保身」。著者還在這裡，對全書上中下三略的主旨及其作用作了扼要揭示。

夫三皇❶無言而化流四海，故天下無所歸功。帝❷者，體天則地，有言有令，而天下太平。君臣讓功，四海化行，百姓不知其所以然。故使臣不待禮賞，有功，美而無害。王❸者，制人以道，降心服志，設矩備衰，四海會同❹，王職不廢。雖有甲兵之備，而無鬥戰之患。君無疑於臣，臣無疑於主，國定主安，臣以義退，亦能美而無害。霸❺者，制士以權，結士以信，使士以賞，信衰則士疏，賞虧則士不用命。

【章旨】

戰國以來，普遍流傳由皇帝王霸遞嬗的退化史觀。在不同的歷史階段，君臣與君民之間有不同的關係與對待之道。

【注釋】

❶三皇　傳說中的遠古帝王。具體指稱則自古說法不一，《史記》中說是天皇、地皇、泰皇；緯書《河圖》則說是天皇、地皇、人皇；《春秋緯運斗樞》指為伏羲、女媧、神農；《白虎通》指為伏羲、神農、祝融；《通鑑外紀》說是伏羲、神農、共工；《禮緯含文嘉》認為是燧人、伏羲、神農。

❷帝　指五帝。傳說中的上古帝王，具體指稱說法不一，《史記・五帝本紀》認為是黃帝、顓頊、帝嚳、唐堯、虞舜；《禮記・月令》認為是太皞（伏羲）、炎帝（神農）、黃帝、少皞、顓頊；《尚書・序》認為是少昊（皞）、顓頊、高辛（帝嚳）、唐堯、虞舜。

❸王　指三王。即夏、商、周三代開國者禹、湯、文王。

❹會同　諸侯共同朝見天子。

❺霸　指五霸。春秋時先後稱霸的五個諸侯，即齊桓公、晉文公、宋襄公、秦穆公、楚莊王；亦有以五霸為指齊桓公、晉文公、楚莊王、吳王闔閭、越王句踐者。

【語譯】

那遠古的三皇不費什麼言辭，而教化能自然而然遍及四方，所以天下人也不知道要歸功於誰。五帝則體察效法天地自然，使用言教，發佈政令，而天下太平；眾臣謙讓其功，天下教化盛行，百姓不知道其中的緣由。所以，使用臣下不必依賴禮遇與獎賞，有功的人，能夠安然而無禍患。三王則用道來統馭眾人，使人心意服貼，設定規矩以防衰亂。各地諸侯按時朝見，君王的職權得到了保持，雖然有完善的軍備，卻沒有戰爭的災患。君上無所疑心於臣下，臣下也無所疑心於君上，國家安定，君權穩固，臣下適時告老退位，也能安然而無禍患。五霸用權變來轄制士，用信義來結交士，用獎賞來指使士，信義減弱了，士就會疏離；獎賞短少了，士就會不聽從命令。

《軍勢》❶曰：「出軍行師，將在自專❷，進退內御❸，則功難成。」

【章旨】

指出了「將在外，君命有所不受」的合理性與必要性。

【注釋】

❶軍勢 古兵書，已佚。

❷自專 指獨斷其職。

❸內御 君主的駕禦。「內」針對「出軍行師」之外而言。

【語譯】

《軍勢》指出：「出兵行軍在外，將帥應該有獨立的專權；要是一舉一動都必須受君主的統御，那就難以有所成功。」

《軍勢》曰：「使智、使勇、使貪、使愚。智者樂立其功，勇者好行其志，貪者邀趨❶其利，愚者不顧其死，因其至情而用之，此軍之微權也。」

【章旨】

說明領兵用人之要，在於根據人的不同的心理素質，因人而異地加以誘導。

【注釋】

❶邀趨　求取。

【語譯】

《軍勢》指出：「可以任用聰明的人，可以任用勇武的人，可以任用貪心的人，可以任用憨愚的人。聰明的人樂意建立功業，勇武的人喜好逞行心志，貪心的人重在求取利祿，憨愚的人能夠不顧犧牲，要根據他們的不同素質特點而加以利用，這是領兵掌權最微妙的地方所在。」

《軍勢》曰：「無使辯士談說敵美，為其惑眾；無使仁者主財，為其多施而附於下。」

【章旨】

申論軍中用人行事宜忌之理。

【語譯】

《軍勢》指出：「不要讓那些巧言善辯的人談論敵方的長處，因為這會惑亂軍心；也不要讓心地仁厚的人主管軍需財政，因為他會過量地施放財物以迎合下屬。」

《軍勢》曰：「禁巫祝❶，不得為吏士卜問軍之吉凶。」

【章旨】

申論軍中用人行事宜忌之理。

【注釋】

❶巫祝　古代從事通鬼神報預言的迷信職業者。

【語譯】

《軍勢》指出：「軍中必須禁止巫祝活動，不能讓他們為官兵卜問軍事上的吉凶。」

《軍勢》曰：「使義士不以財。故義者不為不仁者死；智者不為暗❶主謀。」

【章旨】

說明使用義士之術不在利祿，而在用者的仁義賢明。

【注釋】

❶暗　昏昧不明。亦即昏庸。

【語譯】

《軍勢》指出：「使用義士並不依靠錢財收買。正義的人不會去為不仁的人效死；聰明的人不會去為昏庸的君主獻計。」

主不可以無德，無德則臣叛；不可以無威，無威則失權。臣不可以無德，無德則無以事君；不可以無威，無威則國弱，威多則身蹶❶。

【章　旨】

指出君臣必須德威兼備適度，才能有利國家，上下相安。

【注　釋】

❶身蹶　此指臣因威勢太盛，就會引起君主疑忌而遭傾危顛蹶。

【語　譯】

君主不能沒有仁德，沒有仁德臣下就會叛離；也不能沒有威勢，沒有威勢就會失去權柄。臣下不能沒有仁德，沒有仁德就不可能很好地效力於君主；也不能沒有威勢，沒有威勢國家就會衰弱，但威勢過盛就會身遭不測。

故聖王御世，觀盛衰，度得失，而為之制。故諸侯二師❶，方伯❷三師，天子六師。世亂則叛逆生，王澤竭❸，則盟誓❹相誅伐。德同勢敵❺，無以相傾，乃攬英雄之心，與眾同好惡，然後加之以權變。故非計策無以決嫌定疑，非譎奇無以破姦息寇，非陰謀無以成功。

【章　旨】

說明君主統軍馭臣，應當根據現實政治的變化，採取相應的權術詭計，始能立足於不敗之地。

【注　釋】

❶師　周制一師為二千五百人。天子有六師，大國三師，次國二師，小國一師。
❷方伯　一方諸侯之長。
❸王澤竭　指王權衰微。澤，恩德。
❹盟誓　在周代的天下秩序中，各諸侯國都有同盟誓約的關係。
❺敵　相當。

【語　譯】

所以聖明的君王統治天下，能洞察世道的盛衰，衡量權力的得失，而採取相應的措施。所以諸侯統轄二師，方伯統轄三師，天子統轄六師。到了世道衰亂，於是叛逆產生，王權衰微，於是原本在周天子主持下，有同盟約定的各諸侯國相互殺伐。各方德業相同，勢力相當，沒有辦法分出高下，於是就收攬豪傑之士的心，與眾人的愛憎相認同，然後再加以機謀變化。所以不用詳密的計策，不能解決疑難之事；不出奇巧的招數，不能平息姦黨賊寇；不作秘密的謀劃，不能成就功業。

聖人體天❶，賢者法地，智者師古。是故《三略》為衰世作。〈上略〉設禮賞，別姦雄，著成敗。〈中略〉差❷德行，審權變。〈下略〉陳道德，察安危，明賊❸賢之咎。故人主深曉〈上略〉，則能任賢擒敵。深曉〈中略〉，則能御將統眾。深曉〈下略〉，則能明盛衰之源，審治國之紀。人臣深曉〈中略〉，則能全功保身。夫高鳥死，良弓藏，敵國滅，謀臣亡。亡者，非喪其身也，謂奪其威、廢其權也。封之於朝，極人臣之位，以顯其功，中州❹善國❺，以富其家，美色珍玩，以說❻其心。夫人眾一合而不可卒❼離，威權一與而不可卒移，還師罷軍，存亡之階。故弱之以位，奪之以國，是謂霸者之略。故霸者之作，其論駁❽也。存社稷，羅英雄者，〈中略〉之勢也；故世主秘焉。

【章 旨】

申明全書上中下三略的大旨及其對君臣的借鑑作用。

【注釋】

❶體天　體察天道變化，從中得到人事上的借鑑。

❷差　區分。

❸賊　毀壞；傷害。

❹中州　指中原地區。

❺善國　上好的封地。

❻說　通「悅」。

❼卒　通「猝」。突然。

❽駁　雜。

【語譯】

聖人能體察天道，賢者能效法地道，智者能以歷史經驗為師。因此《三略》一書是專為衰亂之世而寫作的。〈上略〉用來分設禮賞，辨別姦雄，昭示成敗。〈中略〉用來區分德行，審度權變。〈下略〉用來陳說道德，明瞭安危，指明壓迫傷害賢人的過失。所以君主精通了〈上略〉，就能任用賢人，戰勝敵人；精通了〈中略〉，就能指揮將帥，統治全軍；精通了〈下略〉，就能明瞭國運盛衰的根本，懂得治國的主要方法。臣下精通了〈中略〉，就能成就功業，保全自身。高翔的鳥一被射死，良弓就會被收藏起來；敵對國家既已滅亡，謀臣也會跟著被滅除。所謂滅除，不是要結束他的性命，而是說要收回他的威勢，剝奪他的權力。在朝廷上封賞他，使他得到臣子中的最高爵位，以表彰他的功績，給他中原地區的上好封地，以使他的家室富庶；送他美女珍寶，以使他感到愉悅。眾兵一旦組織起來了就不能一下讓它解散，權力一旦交付出去了就不能一下讓它收回，軍隊班師回朝之日，正是君權或存或亡的關鍵之時。所以要通過賞賜爵位來削弱他的威勢，通過分封土地來剝奪他的兵權，這就是霸主的韜略。所以霸主的行為，推究起來是駁雜不純的。說明保有國家、網羅英雄的方法，這就是〈中略〉的作用，所以君主視為珍秘。

下略

【題解】

如果說〈中略〉的不少內容幾近陰謀家言，那麼〈下略〉的內容則比較接近道德家言，多了一點君子氣。著者在這裡分別推衍了儒家與黃老思想中以仁德治國、與民休息的主張，強調富國強兵的關鍵，在施仁政，得人心，舉賢去邪，懲惡揚善，而甲兵之用，猶在其次。否則只會適得其反。

夫能扶天下之危者，則據天下之安；能除天下之憂者，則享天下之樂；能救天下之禍者，則獲天下之福。故澤及於民，則賢人歸之；澤及昆蟲，則聖人歸之。賢人所歸，則其國強；聖人所歸，則六合❶同。求賢以德，致聖以道。賢去則國微，聖去則國乖。微者危之階，乖者亡之徵。

【章旨】

說明安邦治國，關鍵在於澤及天下，招聖納賢。

【注釋】

❶六合　上、下、東、西、南、北。指天下。

【語譯】

能扶正天下傾危的人，就能據有天下的安定；能解除天下憂患的人，就能享有天下的快樂；能拯救天下的災禍的人，就能獲得天下的幸福。因此恩澤施及大眾百姓，那麼賢人就會歸向他；恩澤施及自然萬物，那麼聖人就會歸向他。賢人歸向的地方，就能國家強盛；聖人歸向的地方，就能天下一統。有德就能求得賢人，有道就能招來聖人。賢人離開了，國家就會衰微；聖人離開了，國家就會乖亂。衰微是危殆的門檻，乖亂是滅亡的徵象。

賢人之政，降人以體，聖人之政，降人以心。體降可以圖始，心降可以保終。降體以禮❶，降心以樂❷。所謂樂者，非金石絲竹也。謂人樂其家，謂人樂其族，謂人樂其業，謂人樂其都邑，謂人樂其政令，謂人樂其道德。如此，君人者乃作樂以節之，使不失其和。故有德之君，以樂樂人。無德之君，以樂樂身。樂人者，久而長；樂身者，不久而亡。

【章　旨】

強調為政之要，不在通過外在約束（禮）、而貴在使人們自覺自願、發自內心（樂）地遵從道德規範，這正是儒家一貫倡導的德政思想。

【注　釋】

❶禮　中國古代社會中等級制的社會規範與道德規範。

❷樂　起維護等級、教化人民作用的音樂制度。古代「禮」「樂」往往並稱，析而言之，則「禮」主在規範人的社會行為，「樂」則主在陶冶人的道德情感，《禮記・文王世子》所謂「樂所以

修內也，禮所以修外也」。

【語譯】

賢人為政，使人行為順從；聖人為政，使人心志悅服。行為順從可用來求得良好的開端，心志悅服可用來保有完善的終結。使人行為順從靠的是禮，使人心志悅服靠的是樂。這裡所說的樂，不是指金石絲竹所演奏的樂曲，而是指人們在家庭生活中有安樂，指人們在宗族之間有安樂，指人們在工作之中感到安樂，指人們在他所處的都邑中感到樂意，指人們樂於遵從政令，指人們樂於恪守道德規範。這樣，君主再制作音樂來加以調節，使人們保持和諧。因此有德的君主，用音樂來使眾人得到快樂；無德的君主，用音樂來使自己得到快樂。能使眾人快樂的君主，才能做到長治久安；只顧自己快樂的君主，不可能長久統治而很快就會滅亡。

釋近謀遠❶者，勞而無功。釋遠謀近者，佚❷而有終。佚政❸多忠臣，勞政多怨民。故曰，務廣地者荒，務廣德者強。能有其有者安，貪人之有者殘。殘滅之政，累世受患。造作過制，雖成必敗。

【章旨】

主張整飭內政，勤修德政，反對勞民傷財，對外擴張，並申明其利害。

【注釋】

❶釋近謀遠　這裡指放棄內部整治，而對外征伐。

❷佚　通「逸」。

❸佚政　指休養生息的政策。

【語譯】

放棄內部事務的整治而致力於外部擴張，會費力而得不到成功。放棄外部擴張而致力於內部事務的整治，會安逸而有好的結果。安逸的統治下會出現眾多忠誠的臣屬，勞苦的統治下會出現眾多怨憤的民眾。所以說，致力於擴張領土的國政反會荒殆，致力於推廣德政的國力才會強盛。能夠保有自己所有的人才會獲得安寧，貪圖他人所有的人反會遭受殘損。殘暴酷烈的統治，會使世世代代遭受禍患，勞民傷財過了限度，雖然一時收效也必歸於失敗。

舍❶己而教人者逆，正己而化人者順。逆者亂之招，順者治之要。

【章旨】

指出正人必先正己，才能得到好的效應。

【注釋】

❶舍 同「捨」。

【語譯】

不端正自己而去教訓他人是悖逆的行為，端正了自己再去感化他人才是正當的行為。悖逆的行為是動亂的起因，正當的行為是安定的關鍵。

道、德、仁、義、禮，五者一體也。道者人之所蹈，德者人之所得，仁者人之所親，義者人之所宜，禮者人之所體❶，不可無一焉。故夙興夜寐❷，禮之制也。討賊報仇，義之決也。惻隱之心，仁之發也。得己得人，德之路也。使人均平不失其所，道之化也。

【章　旨】

說明道、德、仁、義、禮的具體作用。

【注　釋】

❶道者人之所蹈五句　都是通過音訓來闡說道、德、仁、義、禮的性質。

❷夙興夜寐　早晨起床，夜晚入眠。指日常生活秩序。興，起。寐，睡。

【語　譯】

道、德、仁、義、禮，這五者是一個整體。道是人所遵行的大路，德是人所本有的品性，仁是人與人之間的愛力，義是人所當做的行為，禮是人所依循的規範，是不能缺少任何一項的。所以早起晚睡，是由禮制約的；討賊報仇，是由義決定的；同情之心，是由仁產生的；修己愛人，是由德達到的；使人平等，各得其所，是由道生發的。

出君下臣名曰命；施於竹帛❶名曰令；奉而行之名曰政。夫命失則令不行；令不行則政不正；政不正則道不通；道不通則邪臣勝；邪臣勝則主威傷。

【章　旨】

指出有效的統治必須做到上令下達，令出即行，否則不但有礙統治，也影響了統治者的威信。

【注釋】

❶竹帛　古代書寫工具。竹是竹簡，帛是白絹。

【語譯】

出於君主之口下達給臣下，叫做命；把它書寫到竹帛上，叫做令；遵奉實行了，叫做政。命有了失誤，那麼令就不能實行；令不能實行，政就不能端正；政不能端正，道就行不通；道行不通，姦邪之臣就會得勢；姦邪之臣得勢，君主的權威就會受到損害。

千里迎賢，其路遠；致不肖❶，其路近。是以明王舍近而取遠，故能全功尚人，而下盡力。

【章旨】

說明求賢不易，君主必致力於此，才可能政通人和。

【注釋】

❶不肖 不賢。

【語譯】

遠赴千里去迎聘賢人，這路途是很遙遠的；而招致姦邪之徒的路卻很近。因此英明的君王會捨近求遠，所以才能成全功業，尊崇賢人，而下屬也才會竭盡自己的力量。

廢一善，則眾善衰；賞一惡，則眾惡歸。善者得其祐，惡者受其誅，則國安而眾善至。

【章旨】

說明賞罰必須謹慎，因其具有示範性的加成效果。

【語譯】

廢黜了一椿善行，那麼眾多的善行都會減退；褒賞了一椿惡行，那麼眾多的惡行都會到來。行善的人得到祐護，作惡的人得到誅除，那麼國家才會安定，而出現眾多的善行。

眾疑無定國，眾惑無治民。疑定惑還，國乃可安。

【章旨】

主政者如果沒有明確方針，將導致民眾疑惑，國家不安。

【語譯】

民眾如果心存疑慮，國家就不能安定；民眾如果困惑不知所從，就不能維持秩序。只有疑慮消解了，困惑排除了，國家才能安定。

一令逆則百令失，一惡施則百惡結。故善施於順民，惡加於凶民，則令行而無怨。使怨治怨[1]，是謂逆天。使仇治仇，其禍不救。治民使平，致平以清，則民得其所而天下寧。

【章旨】

指出從政者應謹慎推行德政，才可以得民心。

【注釋】

❶使怨治怨　指用民眾所怨恨的政令治理心懷怨恨的民眾。

【語譯】

一項政令背逆民意，就會使眾多的政令失去作用，一樁惡行得以施行，就會結下眾多的惡果。因此應對善良的民眾給予好處，對凶頑的民眾加以打擊，這樣政令就能得到推行，也不會受到抱怨。用民眾所怨恨的政令去治理心懷怨恨的民眾，這叫背逆天道。用民眾所仇恨的規章去治理心懷仇恨的民眾，會釀成難以拯救的大禍。治理民眾要在於使他們內心順服，使他們內心順服靠的是政治清明，這樣民眾各得其所而使天下得到安定。

犯上者尊，貪鄙者富，雖有聖王，不能致其治。犯上者誅，貪鄙者拘，則化行而眾惡消。清白之士，不可以爵祿得；節義之士，不可以威刑脅。故明君求賢，必觀其所以而致焉。致清白之士修其禮，致節義之士修其道，而後士可致而名可保。

【章　旨】

本節一者重申賞罰是否公正對於政治秩序的影響；一者重申針對不同特質的人才，必由不同的對應方式來延攬。

【語譯】

冒犯君主的人受到尊寵，貪婪卑鄙的人得到富足，這樣，雖然是聖王也不可能使國家得到治理。冒犯君主的人應得到誅罰，貪婪卑鄙的人應受到管束，這樣才能樹立好的風習而消除各種各樣的惡行。清高廉潔的人，是不能夠用高官厚祿收買的；守節重義的人，是不能夠用淫威酷刑脅迫的。因此賢明的君主招聘賢人，必須明察他們的志趣來進行招聘。要招致清高廉潔的人，應強調禮的實施；要招致守節重義的人，應強調道的端正。然後才能招致有用之才，也保全了君主的名分。

夫聖人君子，明盛衰之源，通成敗之端，審治亂之機，知去就之節，雖窮不處亡國之位，雖貧不食亂邦之祿。潛名❶抱道❷者，時至而動，則極人臣之位。德合於己，則建殊絕❸之功。故其道高而名揚於後世。

【章旨】

言聖人君子，能洞明世事，進退有道，才能建功揚名。

【注釋】

❶潛名　隱姓埋名。
❷抱道　一言一行不離於道。
❸殊絕　特異；與眾不同。

【語譯】

聖人君子，能洞明盛與衰的根源，通曉成與敗的起因，明瞭治與亂的契機，知道何時應捨棄何時應承擔的分寸。雖然身遭困頓，也不任將亡之國的官職；雖然身處貧窮，也不領受亂邦的俸祿。隱姓埋名與道合一的人，等待時機成熟才行動，就能位極人臣。君主之德與己相合，就能建立起卓越的功勳。所以能因深造於道而使美名流傳後世。

聖王之用兵，非樂之也，將以誅暴討亂也。夫以義誅不義，若決江河而溉爝火❶，臨不測而擠欲墜，其克必矣。所以優游恬淡而不進者，重傷人物也。夫兵者，不祥之器，天道惡之，不得已而用之，是天道也。夫人之在道，若魚之在水，得水而生，失水而死。故君子者常畏懼而不敢失道。

【章　旨】

指出聖明的君主所重應在於道，用兵則不得已而為之。

【注　釋】

❶爝火　小火炬。

【語　譯】

聖王用兵，不是出於好戰，而是為了用來誅伐聲討行暴作亂的人。用正義來討伐不義，就像是用潰決的江河去淹滅微弱的火把，面臨危險之境去推擠即將摔落下去的人，能夠戰勝是毫無疑義的。而之所以不急不躁不願進兵，是不想過多地傷人性命耗費財物啊。兵械是不吉利的東西，天道不容，只有在不得已的情況下使用它，這才順乎天道。人離不開道，就像魚離不開水，得到了水才能生存，失去了水就會死亡。所以君子時時小心警惕而不敢背離天道。

豪傑❶秉❷職，國威乃弱；殺生在豪傑，國勢乃竭。豪傑低首，國乃可久；殺生在君，國乃可安。四民❸用虛，國乃無儲；四民用足，國乃安樂。

【章　旨】

指出君主必須集權於己，抑制豪強，富民安國。

【注　釋】

❶豪傑　這裡是指豪強權臣。
❷秉　持。
❸四民　指士、農、工、商。泛指民眾。

【語　譯】

豪強把持了重要職位，國威就會削弱；豪強操握了生殺大權，國勢就會衰竭。要使豪強俯首聽命，國家才能長存；要讓生殺大權掌握在君主手中，國家才會安寧。民眾生活匱乏，國庫就會空虛；民眾生活富足，國家才會安樂。

賢臣內，則邪臣外；邪臣內，則賢臣斃。內外失宜，禍亂傳世。

【章　旨】

指出用人不當，將有引同類、斥異類的加成效果，終至不可收拾。

【語譯】

賢臣受到進用，那麼姦邪之臣就會被排除；姦邪之臣受到進用，那麼賢臣就沒有善終。當引用的不引用，當排斥的不排斥，禍亂就會延及後世。

大臣疑❶主，眾姦集聚；臣當君尊，上下乃昏；君當臣處，上下失序。

【章旨】

言調正上下關係使之名副其實的重要性。

【注釋】

❶疑 通「擬」。比擬之意。

【語譯】

大臣權重，可比於君主，奸人就會聚集在其周圍；臣下居有君主的尊貴地位，上下秩序就混亂了；君主處在臣下的地位，上下秩序就顛倒了。

傷賢者，殃及三世；蔽賢者，身受其害；嫉賢者，其名不全；進賢者，福流子孫。故君子急於進賢而美名彰焉。

【章旨】

說明得賢多助，反覆申明此亂世成功之道。

【語譯】

打擊賢人的人，禍患會延及他的三代；埋沒賢人的人，會因自己的行為受到傷害；嫉妒賢人的人，他的名譽不會得到保全；進用賢人的人，才會造福子孫後代。所以君子最關切致力於任用賢人，因而美名遠揚。

利一害百，民去城郭❶；利一害萬，國乃思散。去一利百，人乃慕澤；去一利萬，政乃不亂。

【章　旨】

終章回到「利天下者天下利之」的主旨，說明得人心才是長久之道。

【注　釋】

❶城郭　城邑。古代城邑的內城叫城，外城叫郭。

【語　譯】

為了一己的私利而不惜危害百人，全城的人都會離開；為了一己的私利而不惜危害萬人，全國的人都想離散。捨卻一己的私利而使百人受益，人們就會感慕恩澤；捨卻一己的私利而使萬人受益，國政就會長治久安。

附錄

一‧《太公兵法》逸文一卷

歙浦汪宗沂仲伊輯編

第一篇

太公兵法曰：「致慈愛之心，立威武之戰，以卑其眾。練其精銳，砥礪其節，以高其氣。分為五選，異其旗章，勿使冒亂。堅其行陳，連其什伍，以禁淫非。壘陳之次，車騎之處，勒兵之勢，軍之法令，賞罰之數，使士赴火蹈刃，陷陳取將，死不旋踵者，多異於今之將者也。

將師受命者，將率入，軍吏畢入，皆北面再拜稽首，受命。天子南面而授之鉞，東行西面而揖之，示弗御也。故受命而出，忘其國。即戎，忘其家。枹鼓之聲，唯恐不勝，忘其身。

《史記·司馬穰苴列傳》述此數言，正本之《太公兵法》。又太公曰：「為將者，受命忘家，當敵忘身。」見《文選·西征賦》注所引，蓋隱括此文。

故必死，必死不如樂死，樂死不如甘死，甘死不如義死，義死不如視死如歸，此之謂也。故一人必死，十人弗能待也。十人必死，百人弗能待也。百人必死，千人弗能待也。千人必死，萬人弗能待也。萬人必死，橫行乎天下。

待，當也。

《白虎通義傳》曰：「一人必死，十人不能待。百人必死，千人不能待。萬人必死，橫行天下。《武侯正議》引後二語作《軍讖》，知確係逸文。《後漢書》鄧禹將張宗亦云：「一卒畢力，百人不當。萬夫致死，可以橫行。」語意本此。

令行禁止，王者之師也。

文王曰：「吾欲用兵，誰可伐？密須氏疑於我，可先往伐。」管叔曰：「不可，其君天下之明君也。伐之不義。」太公望曰：「臣聞之，先王伐枉不伐順，伐險不伐易，伐過不伐不及。」文王曰：「善。」遂伐密須氏，滅之也。

《呂覽》：「密須之人自縛其主而與文王。」

文王將欲伐崇。先宣言曰：「余聞崇侯虎蔑侮父兄，不敬長老，聽獄不中，分財不均，百姓力盡不得衣食。余將來征之，惟為民。」乃伐崇。令毋殺人，毋壞室，毋填井，毋伐樹木，毋動六畜。有不如令者，死無赦。崇人聞之，因請降。

《左傳》：「文王聞崇德亂而伐之，軍三旬而不降。退脩教而復伐之，因壘而降。」此即所脩之教也。

武王將伐紂，召太公望而問之曰：「吾欲不戰而知勝，不卜而知吉，使非其人。為之有道乎？」太公對曰：「有道。王得眾人之心以圖不道，則不戰而知勝矣。以賢伐不肖則不卜而知吉矣。彼害之，我利之，雖非吾民可得而致也。」武王曰：「善。」乃召周公而問焉，曰：「天下之圖事者，皆以殷為天子，周為諸侯。以諸侯攻天子，勝之有道乎？」周公對曰：「殷信天子，周信諸侯，則無勝之道矣，何可攻乎？」武王忿然曰：「女言有說乎？」周公對曰：「臣聞之，攻禮者為賊，攻義者為殘，失其民制為匹夫。王攻其失民者也，何攻天子乎？」宋戴埴《鼠璞》引問周公作《六弢》逸文武王曰：「善。」乃起眾舉師與殷戰於牧之野，大敗殷人。上堂見玉，曰：「誰之玉也？」曰：「諸侯之玉。」即取而歸之於諸侯。天下聞之，曰：「武王廉於財矣。」入室見女，曰：「誰之女也？」曰：「諸侯之女。」即取而歸之於諸侯。天下聞之曰：「武王廉於色矣。」於是發巨橋之粟，散鹿臺之財，金錢以與士民。黜其戰車而不乘，弛其甲兵而弗用。縱馬華山，放牛桃林，示不復用天下。聞者咸謂武王行義於天下。豈不大哉。漢劉向《說苑．指武篇》

第二篇

武王踐阼，三日召士大夫而問焉曰：「惡有藏之約，行之行，萬世可以為子孫恆者乎？」諸大夫對曰：「未得聞也。」然後召師尚父而問焉曰：「昔皇帝顓頊之道存乎？意亦忽不可得見與？」師尚父曰：「在丹書。王欲聞之，則齊矣。」王齋三日，端冕。師尚父亦端冕，奉書而入，負屏而立。王下堂，南面而立。師尚父曰：「先王之道，不北面。」王行西折而東面，師尚父西面，道書之言曰：「敬勝怠者強，怠勝敬者亡，義勝欲者從，欲勝義者凶。凡事不強則枉，不敬則不正。枉者滅廢，敬者萬世。」以上丹書之言

《後漢書・光武帝紀》注引《太公金匱》曰：「黃帝居人上，惴惴若臨深淵。舜居人上，兢兢如履薄冰。禹居人上，慄慄如不滿日。敬勝怠則吉，義勝欲則昌。日慎一日，壽終無殃。」

藏之約，行之行，可以為子孫恆者，此言之謂也。且臣聞之，以仁得之，以仁守之，其量百世。以不仁得之，以不仁守之，其量十世。以不仁得之，以

不仁守之，必及其世。」王聞書之言，惕若恐懼，退而為戒，書于席之四端為銘焉，于机為銘焉，于鑑為銘焉，于盥槃為銘焉，于楹為銘焉，于杖為銘焉，于帶為銘焉，于履屨為銘焉，于觴豆為銘焉，于牖為銘焉，于劍為銘焉，于弓為銘焉，于矛為銘焉。席前左端之銘曰：「安樂必敬。」前右端之銘曰：「無行可悔。」後左端之銘曰：「一反一側，亦不可以忘。」後右端之銘曰：「所監不遠，視邇所代。」機之銘曰：「皇皇惟敬，口生㖃，口戕口。」鑑之銘曰：「見爾前，慮爾後。」盥槃之銘曰：「與其溺於人也，寧溺於淵。溺於淵，猶可游也。溺于人，不可救也。」楹之銘曰：「毋曰胡殘，其禍將然。毋曰胡害，其禍將大。毋曰胡傷，其禍將長。」杖之銘曰：「惡乎危于忿疐，惡乎失道於嗜慾，惡乎相忘于富貴。」帶之銘曰：「火滅修容，慎戒必恭，恭則壽。」履屨之銘曰：「慎之勞，勞則富。」觴豆之銘曰：「食自杖，食自杖，戒之憍，憍則逃。」戶之銘曰：「夫名難得而易失。無懃弗志而曰：『我知之乎。』無懃弗及而曰：『我杖之乎。』擾阻以泥之，若風將至，必先搖搖。雖有聖人，不能為謀也。」牖之銘曰：「隨天之時，以地之財，敬祀皇天，敬以先時。」劍之銘曰：「帶之以為服，動必行德。行德則興，倍德則崩。」弓之銘曰：「屈伸之義，廢興之行，無忘自過。」矛之銘曰：「造矛造矛，少間弗忍，終身之羞，子一人所聞，以戒後世子孫。」《大戴禮記》第五十九。宗沂案，《六弢》本孔子問禮所得，此當本在西漢《六弢》中，故禮家取之，或在《金匱》武王問師尚父曰：「五帝之戒可得聞乎？」師尚父曰：「黃帝之君戒曰：『吾之居民上也，搖搖恐夕不及朝，慄慄恐朝不及夕。兢兢業業，日慎一日。人莫蹪於山而蹪於垤。故為金人，三緘其口，而銘其背曰：古之慎言人也戒之哉，戒之哉。無多言，無多事。多言多敗，多事多患。安樂必戒，無行所悔。勿謂何傷，其禍將長。勿謂何害，其禍將大。勿謂何殘，其禍將然。勿謂不聞，神將伺人。熒熒不滅，炎炎奈何？涓涓不塞，終成江河。緜緜不絕，將成網羅。青青不伐，將尋斧柯。誠能慎之，福之根也。曰：是何傷，禍之門也，強梁者不得其死，好勝者必遇其敵。盜憎主人，民怨其上。君子知天下之不可上也，故下之。知眾人之不可先也，故後之。溫恭慎德，使人慕之。執雌持下，人莫踰之。人皆趨彼，我獨守此。人皆惑之，我獨不徙。內藏我智，不示人技。我雖尊高，人弗我害。惟能如此也，江海雖左，長於百川，以其卑也。天道無親，常與善人。』戒之哉，戒之哉。」《說苑．敬慎篇》《皇覽．黃帝金人器銘》及《荀子》皆本太公所述《黃帝戒》。兼參王肅本《家語．觀周篇》用考同異

馬總《意林》：武王問：「五帝之戒可得聞乎？」太公曰：「黃帝云：『予在民上，搖搖恐夕不至朝。故金人三緘其口，慎言語也。』」即括上文。

武王問師尚父曰：「五帝之戒，可復得而聞乎？」師尚父曰：「堯之居

民上也，振振如臨深淵。舜之居民上，兢兢如履薄冰。禹之居民上，慄慄如恐不滿日。湯之居民上，翼翼乎懼不敢息。武王曰：「吾并殷民，居其上也，翼翼乎懼不敢息。」尚父曰：「德盛者守之以謙，威強者守之以恭。」武王曰：「如尚父言，因是為戒隨躬。」《玉海》引劉劭《皇覽》述《太公金匱》楊慎以此為《金匱銘》

道自微而生，福自微而成。慎終與始，完如金城。馬總《意林》引《金匱》

武王曰：「吾欲造起居之誡，隨之以身。几之書曰：『安無忘危，存無忘亡。孰惟二者，必後無凶。』杖之書曰：『輔人無苟，扶人無咎。』其冠銘曰：「寵以著首，將身不正，遺為德咎。書履曰：『行必慮正，無懷僥倖。』書劍曰：『常以服兵而行道德，行則福，廢則覆。』書車曰：『自致者急，載人者緩。取欲無度，自致而反。』書鏡曰：『以鏡自照，則知吉凶。』門之書曰：『敬遇賓客，貴賤無二。』戶之書曰：『出畏之，入懼之。』牖之書曰：『闚望省，且念所得，思所忘。』鑰之書曰：『昏謹守，深察訛。』硯之書曰：『石墨相著而黑，邪心讒言無得汙白。』書鋒曰：『忍之須臾，乃全汝軀。』書刀曰：『刀利磑磑，無為汝開。』書井曰：『原泉滑滑，連旱則絕。取事有常，賦斂有節。』衣之銘曰：『桑蠶苦，女工難，得新捐故後必寒。』鏡銘曰：『以鏡自照見形容，以人自照知吉凶。』觴銘曰：『樂極則悲，沈湎致非，社稷為危。無握璽而附邱，無舍本而逐末。日中必彗，操刀必割。執斧必伐，日中不彗，是謂失時。操刀不割，是謂失利。執斧不伐，賊人將來。涓涓不塞，將為江河。熒熒不救，炎炎奈何？兩葉不去，將用斧柯。為虺弗摧，行將為蛇。《意林》引《六弢》及《六弢·守土篇》。此以上全見兵書引《黃帝巾几銘》，楊慎以為《太公兵法》引《黃帝》緜緜不絕，寔寔奈何？豪釐不伐，將用斧柯。前慮不定，後有大患。將奈之何？」蘇秦引《周書》連上多此三句。或以為出《太公陰符》，見杜牧《孫子注》。王伯厚以為兵法

第三篇

將欲敗之，必姑輔之。將欲取之，必姑與之。《戰國策・魏策》任章引《周書》

得時無失，時不再來。天予不取，反為之災。《越語》引《周書》

天與不取，反受其咎。《史記》蕭何引《周書》

毋為權首，將受其咎。《漢書》引《周書》

欲起無先。《史記・楚世家》引《周書》

恃德者昌，恃力者亡。《史記・商鞅傳》引《周書》

成功之下，不可久處。《史記・蔡澤傳》引《周書》

安危在得令，存亡在所用。《漢書》主父偃引《周書》

必參五伍之。《史記》引《周書》。宗沂案：《說文》伍字下云：「相參伍也。」謂伍法。什字下云：「相什保也。」謂什法

君憂臣勞，主辱臣死。《文選》注二十引《周書》

太公曰：「知與眾同者，非人師也。大知似狂，不癡不狂，其名不彰。不狂不癡，不能成事。」《御覽》七百三十九引《周書》

文王曰：「吾聞之，無變古，無易常。無陰謀，無擅制，無更創。為此則不祥。」太公曰：「夫天下，非常一人之天下也。天下之國，非常一人之國也。莫常有之，惟有道者取之。古之王者，未使民民化，未賞民民勸。不知怒，不知喜，愉愉然其如赤子。此古善為政也。」文王獨坐，屏去左右。深念遠慮，召太公望曰：「商王猛暴無文，強梁好武。侵凌諸侯，苦勞天下，百姓之怨心生矣。其災此下似有闕文予奚行而得免于無道乎？」太公曰：「因其所為，且興其化。上知天道，中知人事，下知地理。乃可以有國焉。」《御覽》八十四引《周書》

大國不失其威，小國不失其卑，敵國不失其權。距險伐夷，并小奪亂，征強攻弱而襲不正，武之經也。伐亂，伐疾，伐役，武之順也。賢者輔之，亂者取之，作者勸之，急者沮之，恐者懼之，欲者趣之，武之用也。美男破老，美女破后，淫圖破國，淫巧破時，淫樂破正，淫言破義，武之毀也。赦其食，遂其咎，撫其困，助其囊，武之間也。餌敵以分而照其儲，以伐輔德，追時之權，武之尚也。春違其眾，秋伐其穡，夏取其麥，冬寒其衣服，春秋欲舒，冬夏欲亟，武之時也。長勝短，輕勝重，直勝曲，眾勝寡，強勝弱，飽勝饑，肅勝怒，先勝後，疾勝遲，武之勝也。追戎無恪，窮寇不格，力倦氣竭，乃易克，武之追也。既勝人，舉旗以號令，命吏禁掠，無敢侵暴，爵位不謙，田宅不虧，各寗其親，民服如化，武之撫也。百姓咸服，偃兵興德，夷厥險阻，以毀其武，四方畏服，奄有天下，武之定也。今本《周書·武稱篇》

開望曰：「土廣無守，可襲伐。土狹無食，可圍竭。（《漢書》主父偃引二句）二禍之來，不稱之災。天有四殃，水、旱、饑、荒，其至無時，非務積聚，何以備之。（《逸周書》）

第四篇

上古王者之遣將也，跪而推轂曰：「閫以內者，寡人制之。閫以外者，將軍制之。軍功爵賞，皆決於外，歸而奏之。（《史記・馮唐傳》摯虞以跪而推轂為古兵書，今本《六弢・立將篇》以為說）

兵以仁舉則無不從，得之以仁分則無不從悅。（蕭吉《五行大義》引兵書）

將無謀則士卒憂，將無慮則士卒去。（同上引）

《御覽》引《吳子》逸文：「將無慮則謀士去，將無勇則吏士恐，將遷怒則軍士懼。」本此。

坎名大剛風，乾名折風，兌名小剛風，艮名凶風，坤名剛風，巽名小弱風，震名嬰兒風，離名大弱風。引同上。當係《隋志・太公兵法》中語，或單稱兵書。蕭吉曰：「此兵家觀客主盛衰，候風所從來也。」

又曰：「刑上風來，坐者急起，行者急住。」同上

陽生甲子，不足戊亥，仍為天門。陰生甲午，不足辰巳，仍為地戶。陽界甲寅，不足子丑，仍為鬼門。陰界甲申，不足午未，仍為人門。陽盛甲辰，卯為之隔。陰與甲戌，酉為之隔。引同上

太公兵法曰：「武王問太公勝負何如。太公對曰：『夫紂之行，不由理積，其酒池賦斂甚數，百姓苦之。』」宋《御覽》六百二十七引

人主舉善則天應之以德，惡則天應之以刑。同上引太公，《群書治要》引《六弢》襲之。

將謀欲密，士卒欲一，攻敵欲疾。《御覽》《吳子》逸文引《軍志》。吳子曾傳《左傳》

先人有奪人之心，後人有待其衰。允當則歸，知難而退。有德不可敵，逐寇如追逃。以上《左傳》引《軍志》。《傳》凡稱「前志」，多屬《逸周書》或史佚，則稱《軍志》者，必太公也。

將不仁，則三軍不親。將不勇，則三軍不為動。《通典》引。《御覽》作《吳子》，蓋《吳子》所引者。今本《六弢．奇兵篇》改為動作銳

右背山陵，前左水澤。《史記》引兵法與《孫子》不同，杜牧《孫子》注引《太公兵法》：「軍必左水澤而右邱陵」，蓋括斯言。知此引兵法屬太公也。此之言背，謂後也，與前相對

武王伐殷，兵至牧野。晨舉脂燭，推掩不備。《論衡》引《太公陰謀》。見《藝文類聚》及《御覽》三百十六

春為牝陳，弓為前行。夏為方陳，戟為前行。六月為圓陳，矛為前行。秋為牡陳，劍為前行。冬為伏陳，楯為前行。蕭吉《五行大義》引《周書》云此武備亦依五氣也。知出兵法是謂五陳。

春以長矛在前，夏以大戟在前，秋以弓弩在前，冬以刀楯在前，此行軍

四時應天之法也。《御覽》三百三十九引《六弢》分為五選，已見《說苑》所引，知連上確係兵法，又見《抱朴子》

從孤擊虛，萬人無餘，一女子當百丈夫。《抱朴子》引《太公兵法》。又相傳古《遯甲書》引此作《黃石子》。足見《黃石公記》之果出《太公兵法》也風鳴葉者，賊在十里。鳴條者，百里。搖枝者，四百里。金器自鳴及焦器鳴者，軍疲也。氣如驚鹿，敗軍氣也。同上。上言風角，下言雲祲

大師吹律合聲，商則戰勝，軍士強。角則軍擾多變，失士心。宮則軍和，士卒同心。徵則將急數怒，失士心。羽則軍弱，少威明。鄭康成《周禮・春官》注引兵書。按隋以前人引《太公兵法》或曰兵書，《正義》以為武王出兵之書

第五篇

國不可以從外治，將不可以從中御。《通典》引《太公》。今《六弢・立將篇》襲此二語以為將答君之詞，賈林孫子注沿其誤

神農之教曰：「雖有石城千仞，湯池百步，帶甲百萬，無粟弗能守也。」鼂錯引。案應劭《風俗通》述《孫子》云：「金城湯池而無粟者，太公墨翟弗能守之。」則知此為《太公書》所有。唐員半千亦引作《軍志》，《群書治要》所引〈虎弢〉亦述神農之禁也

國柄借人，則失其威。今本《六弢・守土篇》作「無借人國柄，借人國柄則失其權。」淵乎無端，孰知其源。下為「涓涓不塞」六句

天下非一人天下，天下之天下也。取天下者，若逐野鹿而天下共分其肉。同上引。下五句今本〈武弢〉襲改之

昔柏皇氏、栗陸氏、驪連氏、軒轅氏、赫胥氏、尊盧氏、祝融氏，此古之王者也，未使民民化，未賞民民勸，此皆古之善為政者也。至於伏羲氏、神農氏教化而不誅，黃帝、堯、舜誅而不怒。《御覽》七十六引《六弢》。《意林》引後四句作「太公曰：伏羲、神農教而不誅」云云

聖人恭天靜地，和神敬鬼。《意林》

文王在岐，召太公曰：「吾地小奈何？」太公曰：「天下有粟，賢者食之。天下有民，賢者收之。屈一人下，伸萬人上，惟聖人能行之。」《文選》注引作「屈一

人之下，仲萬人之上，惟聖人能焉。」《群書治要》引〈武弢〉多贅語，蓋依此節而增衍成之也

文王曰：「君務舉賢，不獲其功。何也？」太公曰：「舉而不用，是有求賢之名，而無用賢之實也。」文王曰：「舉賢若何？」太公曰：「按賢察名，選才考能，名實俱得之也。」《意林》引《六弢》作六卷，今本《六弢》本之衍為〈舉賢篇〉

文王曰：「國君失民者何也？」太公曰：「不慎所與也。君有六守、三寶。六守者，仁、義、忠、信、勇、謀。三寶者，農、工、商。六守長則君安，三寶完則國昌。」同上引。今本《六弢》衍之為〈六守篇〉

崇侯虎曰：「今周伯昌懷仁而善謀。冠雖敝，禮加于首。履雖新，法以踐地。可及其未成而圖之。」《御覽》六百九十七引《六弢》

軍中之事，不聞君命，皆由將出。《意林》臨敵決戰，無有二心。」今《六弢・立將篇》連上引

武王問太公曰：「吾欲令三軍親其將如父母，攻城則爭先登，野戰則爭

先赴，聞金聲而怒，聞鼓聲而喜，可乎？」太公曰：「作將，冬日不服裘，夏日不操扇。天雨不張蓋幔，出隘塞，過泥塗，將先下步。士卒皆定，將乃就舍。炊者皆飽，將乃敢食。軍未舉火，將不食。士非好死而樂傷，其將知飢寒勞苦也。《意林》引

用兵之害，猶豫最大。《吳子》引之

赴之若驚，用之若狂。當之者破，近之者亡。使如疾雷不暇掩耳也。同上引。按今本《六弢·軍勢篇》文義近古，多見稱引，此蓋括其一二精語

貧窮忿怒，欲決其志者，名曰必死之士。辯言巧辭，善毀善譽者，名曰間諜飛言之士。同上引。今本《練士篇》取一置一雜人贅壻云云，乃秦漢人語也

賞如高山，罰如深溪。《文選·王仲宣從軍詩》注引《六弢》

太公謂武王曰：「夫人皆有性，趨舍不同，喜怒不等。」《文選·盧子諒贈劉琨詩》注引

太公謂武王曰：「聖人興兵，為天下除患去賊，非利之也。故役不再籍，孫子引一舉而得。」《文選》四十三書注引

武王問太公曰：「殷已亡其三人，今可伐乎？」太公曰：「臣聞之，知天者，不怨天。知己者，不怨人。先謀後事者昌。先事後謀者亡。且天與不取，反受其咎。時至不行，反受其殃。非時而生，是為妄成。故夏條可結，冬冰可釋。時難得而易失也。」《意林》引《太公金匱》云二卷

武王問太公曰：「今民吏未安，賢者未定，何以安之？」太公曰：「不須兵器，可以守國。耒耜是其弓弩，鉏耙是其矛戟，簦笠是其兜鍪，鑠斧是其攻具。」《御覽》三百十六引《太公金匱》。今本《六弢》本此衍為〈農器篇〉

武王伐殷，出于河。呂尚為右，將以四十七艘舫踰于河。《文選·王仲宣從軍詩》注引

武王東伐至于河上，雨甚雷疾。周公旦進曰：「天不祐周矣，意者吾君德行未備，百姓疾怨邪？故天降吾災。請還師。」太公曰：「不可。」武王與周公旦望紂，紂陳引軍止之。太公曰：「君何不弛也？」周公曰：「天時

不順，龜燋不兆，占筮不吉，妖而不祥，星變又凶。固且待之，何可驅也？」王逸《楚詞》注引《六弢》

武王問太公曰：「欲興兵深謀，進必斬敵，退必克全，其略云何？」太公曰：「主以禮使將，將以忠受命。國有難，君召將而詔曰：見其虛則進，見其實則避。勿以三軍為貴而輕敵，勿以授命為重而苟進。勿以貴而賤人，勿以獨見而違眾，勿以辯士為必然。勿以謀簡於人，勿以謀後於人。士未坐，勿坐。士未食，勿食。寒暑必同，敵可勝也。」同上引〈犬弢〉今本〈龍弢・立將篇〉襲之

周初武王問太公曰：「敵人先至，已據便地，形勢又強，則如之何？」對曰：「當示怯弱，設伏佯走，自投死地。敵見之，必疾速而赴，擾亂失次，必離故所。□入我，此下有缺文或是疊下一伏字伏兵齊起，急擊前後，衝其兩旁。」《通典》一百五十三

天下攘攘，皆為利往。天下熙熙，皆為利來。《御覽》引《六弢》

容容熙熙，皆為利謀。熙熙攘攘，皆為利往。同上引《周書》

車騎之將，軍馬不具，鞍勒不備者誅。《御覽》引《六弢》

太公誓師，後至者斬。《御覽》引《桓範要義》。《史記·司馬穰苴列傳》軍法約期而後至者斬。當本之太公

太公曰：「凡興師動眾陳兵，天必見其雲氣，示之以安危，故勝敗可逆知也。」《通典》引

武王問太公曰：「貧富豈有命乎？」太公曰：「為之不密。密而不富者，盜在其室。」武王曰：「何謂盜也？」公曰：「計之不熟，一盜也。收種不時，二盜也。取婦無能，三盜也。養女太多，謂資贈多四盜也。棄事就酒，五盜也。衣服過度，六盜也。封藏不謹，七盜也。井灶不利，八盜也。舉息就禮，九盜也。無事然鐙，十盜也。如取之，安得富哉？」武王曰：「善。」《御覽》四百八十五引《六弢》

武王平殷，還問太公曰：「今民吏未安，賢者未定，何以安之？」太公曰：「無故無新，如天如地。」《御覽》三百二十七引《六韜》得殷之財，與殷之民。共之則商得其賈，農得其田也。一目視則不明，一耳聽則不聽，一足步則不行。選賢自代，上下各得其所。同上引

武王問太公曰：「天下精神甚眾，恐後復有試余者也，何以待之？」師尚父曰：「請樹槐於王門內，王路之石，起面社，築垣牆，祭以酒脯，食以犧牲，尊之曰『社客』。有非常，先與之語，客有益者，人無益者。距歲告以水旱，與其風雨澤流，悉行除民所苦。」《御覽》五百三十二引《太公金匱》

武王勝殷，召太公問曰：「今殷民不安其處，奈何使天下安乎？」太公曰：「夫民之所利，譬之如冬日之陽，夏日之陰。冬日之從陽，夏日之從陰，不召自來。故生民之道，先定其所利而民自至。民有三幾，不可數動，動之

有凶。明賞則不足，不足則民怨生。明罰則民懾畏，民懾畏則變故出。明察則民擾，民擾則不安其處，易以成變。故明王之民，不知所好，不知所惡，不知所從，不知所去，使民各安其所生而天下靜矣。樂哉，聖人與天下之人，皆安樂也。」武王曰：「為之奈何？」太公曰：「聖人守無窮之府，用無窮之財，而天下仰之。天下仰之而天下治矣。神農之禁春夏之所生，不傷不害，謹修地利，以成萬物。無奪民之所利，而農順其時矣。任賢使能而官有材，而賢者歸之矣。故賞在於成民之生，罰在於使人無罪。是以賞罰施民而天下化矣。《群書治要》引《六弢．虎弢》

夫殺一人而三軍不聞，殺一人而民不知，殺一人而千萬人不恐，雖多殺之，其將不重。封一人而三軍不悅，爵一人而萬人不勸，賞一人而萬人不欣，是為賞無功，責無能也。若此則三軍不為使，是失眾之紀也。同上引〈武弢〉

第六篇

安徐而靜，柔節先定。善與而不爭，虛心平志，待物以正。今本〈文弢〉

武王問太公曰：「兵道何如？」太公曰：「凡兵之道，莫過乎一。一者，能獨往獨來。黃帝曰：『一者階於道，機於神。用之在於機，顯之在於勢，成之在於君。』故聖王號兵為凶器，不得已而用之。」武王曰：「兩軍相遇，彼不可來，此不可往，各設固備，未敢先發。我欲襲之，不得其利，為之奈何？」太公曰：「外亂而內整，示飢而實飽，內精而外鈍。一合一離，一聚一散。陰其謀，密其機。高其壘，伏其銳。士寂若無聲，敵不知我所備。欲其西，襲其東。」武王曰：「敵知我情，通我謀，為之奈何？」太公曰：「兵

勝之術，密察敵人之機，而速乘其利，復疾擊其不意。」連上並今本〈文弢・兵道篇〉

天道無殃，不可先倡。人道無災，不可先謀。

全勝不鬥，大兵無創。

鷙鳥將擊，卑飛斂翼。猛獸將搏，弭耳俯伏。聖人將動，必有愚色。

凡謀之道，周密為寶。連上在今本〈武弢〉

兵不兩勝，亦不兩敗。兵出踰境，期不十日，不有亡國，必有破軍殺將。

疑志不可以應敵。孟氏《孫子》注引

將以誅大為威，以賞小為明，以罰審為禁止而令行。故殺一人而三軍震者殺之，賞一人而萬民悅者賞之。連上並今本〈龍弢〉

武王問太公曰：「攻伐之道奈何？」太公曰：「勢因於敵家之動，變生於兩陣之間，奇正發於無窮之源。孟氏孫子注引故至事不語，用兵不言。且事之至者，其言不足聽也。兵之用者，其狀不定見也。倏而往，忽而來。能獨專而不制者，兵也。聞則議，見則圖，知則困，辯則危。故善戰者，不待張軍。善除患者，理於未生。勝敵者，勝於無形。上戰無與戰，故爭勝於白刃之前者，非良將也。設備於已失之後者，非上聖也。智與眾同，非國師也。技與眾同，非國工也。事莫大於必克，用莫大於玄默。動莫大於不意，謀莫大於不識。夫先勝者，先見弱於敵，而後戰者也。故士（古通事）半而功倍焉。聖人徵於天地之動，孰知其紀。循陰陽之道，而從其候。當天地盈縮，因以為常。物有死生，因天地之形。故曰：未見形而戰，雖眾必敗。善戰者，居之不撓，見勝則起，不勝則止。故曰：無恐懼，無猶豫。用兵之害，猶豫最大。三軍之災，莫過狐疑。善戰者，見利不失，遇時不疑。失利後時，反受其殃。故智者從之而不失，巧者一決而不猶豫。是以疾雷不及掩耳，迅電不及瞑目。赴之若驚，用之若狂。當之者破，近之者亡。孰能禦之？夫將有所不言而守者，神也。有所不見而視者，明也。故知神明之道者，野無橫敵，對無立國。」武王曰：「善哉。」今本《六韜·軍勢篇》

夫兩陳之間，出甲陳兵，縱卒亂行者，所以為變也。今本〈龍韜〉

武王問太公曰：「律音之聲，可以知三軍之消息，勝負之決乎？」太公曰：「深哉王之問也。夫律管十二，其要有五音，宮、商、角、徵、羽，此真正聲也，萬代不易。五行之神，道之常也，金、木、水、火、土，各以其勝攻也。古者三皇之世，虛無之情，以制剛強，無有文字，皆由五行。五行之道，天地自然，六甲之分，微妙之神。其法：以天清淨，無陰雲風雨，夜半，遣輕騎往至敵人之壘，去九百步外，偏持律管當耳，大呼驚之，有聲應管，其來甚微。角聲應管，當以白虎；徵聲應管，當以玄武；商聲應管，當以朱雀；羽聲應管，當以勾陳；五管聲盡不應者宮也，當以青龍。此五行之符，佐勝之徵，成敗之機。」武王曰：「善哉。」太公曰：「微妙之音，皆在外候。」武王曰：「何以知之？」太公曰：「敵人驚動則聽之：聞枹鼓之音者，角也；見火光者，徵也；聞金鐵矛戟之音者，商也；聞人嘯呼之音者，羽也；寂寞無聲者，宮也。此五音者，聲色之符也。」今本《六弢・五音篇》

武王問太公曰：「吾欲未戰先知敵人之強弱，預見勝負之徵，為之奈何？」太公曰：「勝負之徵，精神先見，明將察之，其效在人。謹候敵人出入進退，察其動靜，言語妖祥，士卒所告。凡三軍悅懌，士卒畏法，敬其將命，相喜以破敵，相陳以勇猛，相賢以威武，此強徵也。三軍數驚，士卒不齊，相恐以強敵，相語以不利，耳目相屬，妖言不止，眾口相惑，不畏法令，不重其將，此弱徵也。三軍齊整，陳勢以固，深溝高壘，又有大風甚雨之利，三軍無故，旌旗前指，金鐸之聲揚以清，鼙鼓之聲宛以鳴，此得神明之助，大勝之徵也。行陳不固，旌旗亂而相遶，逆大風甚雨之利，士卒恐懼，氣絕而不屬，戎馬驚奔，兵車折軸，金鐸之聲下以濁，鼙鼓之聲濕，此大敗之徵也。凡攻城圍邑，城之氣色如死灰，城可屠；城之氣出而北，城可克；城之氣出而西，城可降；城之氣出而南，城不可拔；城之氣出而東，城不可攻；城之氣出而復入，城主逃北；城之氣出而覆我軍之上，軍必病；城之氣出高而無所止，用兵長久。凡攻城圍邑，過旬不雷不雨，必亟去之，城必有大輔。比所以知可攻而攻，不可攻而止。」武王曰：「善哉。」今本六弢兵徵篇

刀子之神，名曰脫光。箭之神，名續長。弩之神，名遠望。《藝文類聚》六十引《太公兵法》

第七篇

柔能制剛，弱能制強。柔者，德也。剛者，賊也。弱者，人之助也。強者，怨之歸也。故曰：有德之君，以所樂樂人；無德之君，以所樂樂身。樂人者，其樂長；樂身者，不久而亡。舍近謀遠者，勞而無功。舍遠謀近者，逸而有終。逸政多忠臣，勞政多亂人。故曰：務廣地者荒，務廣德者強。有其有者安，貪人有者殘。殘滅之政，雖成必敗。《後漢書》光武帝詔引《黃石公記》。按〈留侯傳〉明云黃石老人所授乃《太公兵法》，此作《黃石公記》，蓋新莽時所易之名也。

當斷不斷，反受其亂。《後漢．楊倫傳》引之云「黃石所誡」。《史記》以為道家之言

臣與主同者亡。《後漢書．袁紹傳》

軍無財，士不來。軍無賞，士不往。四句亦見〈袁紹傳〉故良餌之下有懸魚，重

賞之下有勇夫。《藝文類聚》引之作《軍讖》，凡今本《三略》所引《軍讖》多出《黃石公記》中

得道者昌，失道者亡。賈林《孫子》注引《黃石公》，又張豫《孫子》注引作《太公語》。道作「士」動為事機，舒之彌四海，卷之不盈懷。柔而能剛，則其國彌光。弱而能強，則其國彌章。一簞之醪，投之於河，令士眾迎飲，三軍為其死。戰如風發，攻如河決。《御覽》引《黃石公記》。偽《三略》引之作《軍讖》

慮若源泉，深不可測。《文選·關中詩》注引《黃石公記》敘將所以為威者，號令也。戰所以全勝者，軍正也。士所以輕戰者，用兵也。故戰如風發，勇如河決。眾可望而不可當，可下而不可勝也。《御覽》二百七十一引《黃石公記》

使商人為前兵者，象白虎陳。使羽人為前兵者，象玄武陳。使徵人為前兵者，象朱雀陳。使角人為前兵者，象青龍陳。亦曰旬始陳。引同上。此即《說苑》引兵法所謂

「分為五選，異其旗章，勿使冒亂」之事彼以直陳來者，我以方陳應之。方來，銳應之。銳來，曲應之。曲來，圓應之。圓來，直應之。直木，方金，銳火，曲水，圓土也，各以能克者應勝之。引同上。按《通志略》又有《黃石公五壘》之圖

二·《素書》

張商英注

說明

張良得書於圯上老父的傳說，歷來的說法，不外認為老父所授的兵書是《太公兵法》或《三略》、《六韜》等幾種猜測。宋代的張商英則提出《素書》才是黃石公的真傳，並且為這部僅一千多字的小書作了注解。不過這個說法，從來相信的人就不多。晁公武《郡齋讀書志》中說：「其書言治國治家治身之道，而龐雜無統，蓋采諸書以成之者也。商英之言，世未有信之者。」《四庫提要》引明都穆《聽雨紀談》中也認為「自晉迄宋學者未嘗一言及之，不應獨出於商英。」甚至有人認為，書中「悲莫悲於精散，病莫病於無常」之語，近於釋道之言，正和張商英曾學佛法，喜談禪理相合，應是張商英所偽作的證據。不過也有人認為：「《素書》疑作偽在宋以前。張商英雜釋老以注之耳，未必即出其手。」（譚獻《復堂日記》）大致來說，《素書》出於偽作，與黃石公無關，是歷來一致的見解。

不論真偽如何，這部書表現了濃厚的黃老學的特色，《老子》中說：「失道而後德，失德而後仁，失仁而後義，失義而後禮。夫禮者，忠信之薄而亂之首。」《素書》的重點則在強調：「道德仁義禮，五者一體也。」翻轉無為不爭的學說，易以積極介入的態度，這和《六韜》及馬王堆帛書中的黃老作品，在思想傾向上是一致的。這裡收錄《素書》及張商英的序、注解，並對本文部份作了語譯，提供讀者作為了解這樁公案的參考。

序

黃石公《素書》六篇，按前漢〈列傳〉，黃石公圯橋所授子房素書，世人多以《三略》為是，蓋傳之者誤也。晉亂，有盜發子房塚，於玉枕中獲此書，凡一千三百三十六言。上有秘戒，不許傳於不道、不神、不聖、不賢之人。若非其人，必受其殃，得人不傳，亦受其殃。嗚呼！其慎重如此。黃石公得子房而傳之，子房不得其傳而葬之。後五百餘年而盜獲之，自是《素書》始傳於人間。然其傳者特黃石公之言耳，而公之意其可以言盡哉？

【語譯】

黃石公的《素書》六篇，根據《漢書・張良傳》，黃石公在圯橋上所授給張良的帛書，世人大都認為就是《三略》，那大概是傳聞的錯誤吧。晉朝時大亂，有人盜掘張良的墓，在陪葬的玉枕中得到這部《素書》，全文合計一千三百三十六字。書上秘密申誡，不可以傳給不合於道、不神明、沒有聖德、不賢能的人。如果傳給不合適的人選，必定會遭到災禍，有合適的人選而藏私不傳，也會遭殃。哎呀！是這樣的謹慎。黃石公遇見張良而傳授給他，子良沒有遇到適合的人選，所以死後隨葬在墓中。過了五百年而被人盜墓發現，從此《素書》才開始在人間流傳。然而所流傳的不過是黃石公所留下的文字罷了，黃石公的真意哪裡是文字所可以完全表達的呢？

余竊嘗評之：天人之道，未嘗不相為用，古之聖賢皆盡心焉。堯欽若昊天，舜齊七政，禹敘九疇，傳說陳天道，文王重八卦，周公設天地四時之官，又立三公以燮理陰陽，孔子欲無言，老聃建之以常無有。《陰符經》曰：「宇宙在乎手，萬物生乎身。」道至於此，則鬼神變化皆不能逃吾之術，而況於刑名度數之間者歟？黃石公，秦之隱君子也，其書簡，其意深，雖堯、舜、禹、文、傅說、周公、孔、老亦無以出此矣。

【語譯】

我曾經私下議論：天道與人道兩者之間，未嘗不是彼此溝通，相互影響的，古代的聖賢，都竭盡心力在這天人相通的道上。堯敬順上天，舜推算日月及金木水火土五星的運行，禹領受天所賜的洪範九疇以順理人倫，傅說為殷高宗武丁陳說天道，文王將伏羲八卦疊合變化為六十四卦，周公設置天地春夏秋冬六官以施政，又設太師、太傅、太保三公來調和陰陽，孔子欲效法天道不再有所言說，老子以常無和常有來觀察天道。《陰符經》說：「宇宙的變化可以由人掌握，萬物的榮枯取決於人的作為。」天人相互溝通的道理到了這個地步，那麼就是鬼神的變化都不出我的控制以外，何況是人間的法度呢？黃石公是秦時隱遁不出的有德人物，他的書雖然文辭簡略，意義卻十分深遠，即使堯、舜、大禹、文王、傅說、周公、孔子、老子這些聖賢也沒有能超過他的。

然則黃石公知秦之將亡，漢之將興，故以此書授子房，而子房豈能盡知其書哉？凡子房之所以為子房者，僅能用其一二耳。書曰：「陰計外泄者敗。」子房用之，嘗勸高帝王韓信矣。書曰：「小怨不赦，大怨必生。」子房用之，嘗勸高帝侯雍齒矣。書曰：「決策於不仁者險。」子房用之，嘗勸高帝罷封六國矣。書曰：「設變致權，所以解結。」子房用之，嘗致四皓而立惠帝矣。書曰：「吉莫吉於知足。」子房用之，嘗擇留自封矣。書曰：「絕嗜禁慾，所以除累。」子房用之，嘗棄人間事從赤松子遊矣。

【語譯】

那麼黃石公知道秦即將滅亡，漢即將興起，所以拿這部書傳授張良，而張良哪裡能夠完全懂得這部書呢？張良之所以是張良，就在於他只能用到書上的一二成而已。《素書》中說：「秘密計謀對外洩漏的會導致失敗。」張良用了它，曾勸劉邦封韓信為齊王。《素書》中說：「不寬貸小小的仇怨，會造成大的仇怨。」張良用這個教誨，曾經勸劉邦封仇人雍齒為侯來化解因分封問題所產生的危機。《素書》中說：「由沒有仁德的人來定計策是危險的事。」張良遵循這個教導，曾經勸劉邦停止封六國後代為王來牽制項羽的計謀。《素書》中說：「順應局勢的變化，掌握重心下手，是解決糾紛的要訣。」張良用這個原則，曾經招來商山四皓輔佐惠帝而使劉邦打消廢立太子的念頭。《素書》中說：「最大的福份莫過於知足。」張良根據這個訓示，曾經在劉邦詢問所求的封地時，選了他初會劉邦的留這個地方作為封國。《素書》中說：「斷絕嗜好欲望，也就不受牽制。」張良實踐這個教誨，曾經不理會人世俗務，一意求道學仙。

嗟乎！遺粕棄滓猶足以亡秦項而帝沛公，況純而用之，深而造之者乎？

自漢以來，章句文辭之學熾而知道之士極少。如諸葛亮、王猛、房喬、裴度等輩，雖號為一時賢相，至於先王大道，曾未足以知彷彿，此書所以不傳於不道、不神、不聖、不賢之人也。離有離無之謂道，非有非無之謂神，有而無之之謂聖，無而有之之謂賢，非此四者，雖口誦此書，亦不能身行之矣。

宋張商英天覺撰。

【語譯】

哎呀！這部書所留下的一些糟粕，尚且能用來滅秦、擊敗項羽而使劉邦稱帝，何況掌握它的精義而加以運用，參透它的精髓而有所得的人呢？自從漢代以後，講究章句辭藻的學問得勢，真正懂得道的人物很少。比如諸葛亮、王猛、房玄齡、裴度這些人，雖然號稱是當時的賢相，對於先王的大道，尚且不能有一些真正的瞭解，這就是為什麼這部書不傳給不道、不神、不聖、不賢的人的原因了。超越有無對立的稱作道，不能拿有無加以區別的稱作神，有而能化於無的稱作聖，能由無中創造出有的稱作賢，若不是這四類品德，即使能朗朗上口讀這部書，也不能切身實踐啊！宋朝張商英字天覺作。

原始章第一

言道不可以無始

夫道德仁義禮，五者一體也。離而用之，則有五。合而渾之，則為一。一所以貫五，五所以衍一。道者人之所蹈，使萬物不知其所由。道之衣被萬物廣矣大矣，一動息，一語默，一出處，一飲食，大而八紘之表，小而芒芥之內，何適而非道也。仁不足以名，故仁者見之謂之仁；智不足以盡，故智者見之謂之智；百姓不足以見，故日用而不知也。德者人之所得，使萬物各得其所欲。有求之謂欲，欲而不得，非德之至也。求於規矩者，得方圓而已矣。求於權衡者，得輕重而已矣。求於德者，無所欲而不得。君臣父子得之以為君臣父子，昆蟲草木得之所為昆蟲草木。大得以成大，小得以成小。邇之一身，遠之萬物，無所欲而不得也。仁者人之所親，有慈惠惻隱之心以遂其生成。仁之為體如天，天無不覆；如海，海無不容；如雨露，雨露無不潤。慈惠惻隱，所以用仁者也。非親於天下而天下自親之。無一夫不獲其所，無一物不獲其生。《書》曰：「鳥獸魚鼈咸若。」《詩》

曰：「敦彼行葦，牛羊勿踐履。」其仁之至也。義者人之所宜，賞善罰惡以立功立事。理之所在謂之義，順理而決斷，所以行義。賞善罰惡，義之理也。立功立事，義之斷也。禮者，人之所履，夙興夜寐，以成人倫之序。禮，履也。朝夕之所履踐而不失其序者，皆禮也。言動視聽，造次必於是，放僻邪侈從何而生乎？夫欲為人之本，不可無一焉。老子曰：「失道而後德，失德而後仁，失仁而後義，失義而後禮。」失者，散也。道散而為德，德散而為仁，仁散而為義，義散而為禮。五者未嘗不相為用，而要其不散者，道妙而已。老子言其體，故曰：「禮者，忠信之薄而亂之首。」黃石公言其用，故曰：「不可無一焉。」賢人君子明於盛衰之道，通乎成敗之數，審乎治亂之勢，達乎去就之理。盛衰有道，成敗有數，治亂有勢，去就有理。故潛居抱道，以待其時。道猶舟也，時猶水也。有舟楫之利而無江河以行之，亦莫見其利涉也。若時至而行，則能極人臣之位。得機而動，則能成絕代之功。如其不遇，沒身而已。養之有素，及時而動，機不容髮，豈容擬議者哉？是以其道足高而名重於後代。道高則名隨於後而重矣。

【語譯】

道、德、仁、義、禮這五項是合一不可分的。所謂道，就是人的行動所遵循的方向，道支配萬物而無從捉摸。所謂德，就是人所稟賦的本性，德使萬物天賦的意欲各得暢順發展。所謂仁，就是人親和萬物的愛心，仁者慈愛施惠，對萬物有不忍之心，使萬物各各能生長茁壯。所謂義，就是人所應做的事，獎勵善的，懲罰惡的，使事物各能實現其目的。所謂禮，就是人的行為規矩，從早晨醒來到晚上就寢都不能逾越規矩，以維繫人與人之間應有的秩序。這五者是人之所以為人的根本，缺一不可。賢人君子知道盛衰有它的道理，通曉事物成敗的原則，能明察治亂變化的趨勢，也就清楚自身何時當進，何時當退。所以退藏不出，順道而行，等待時機的到來。如果時機來臨而能用道，就能做到人臣的最高地位。看準時機而行動，就能成就空前的功業。如果時機不到，那麼也安於沒沒無聞了此一生。所以賢人君子的行道值得崇敬，而他們的名聲也傳頌於後代。

正道章第二 言道不可以非正

（ㄓㄥˋ ㄉㄠˋ ㄓㄤ ㄉㄧˋ ㄦˋ）

德足以懷遠，懷者中心悅而誠服之謂也。信足以一異，義足以得眾，有行有為而眾人宜之，則得乎眾人矣。才足以鑒古，明足以照下，此人之俊也。行足以為儀表，智足以決嫌疑，嫌疑之際，非智不決。信可以使守約，廉可以使分財，此人之豪也。守職而不廢，孔子為委吏乘田之職是也。處義而不回，迫於利害之際而確然守義者，此不回也。見嫌而不苟免，周公不嫌於居攝，召公則有所嫌也。孔子不嫌於見南子，子路則有所嫌也。居嫌而不苟免，其惟至明乎！見利而不苟得，此人之傑也。俊者峻於人，豪者高於人，傑者桀於人。有德、有信、有義、有才、有明者，俊之事也。有行、有智、有信、有廉者，豪之事也。至於傑則才行不足以明之矣。然傑勝於豪，豪勝於俊也。

【語譯】

人的德行可以讓遠方的人心悅誠服，信用可以讓眾人不再有異議，義舉可以讓眾人欽佩，才幹足以援引古代史事為借鑑，明察足以洞見屬下的行事，這是人中之俊。行為足以作為眾人的榜樣，智慧足以在曖昧疑惑的處境中下決斷，其信用足以安於逆境，其廉潔足以主管財物分配，這是人中之豪。堅守崗位不怠忽職守，義無反顧，不考慮一己的利害，處於受人懷疑的處境而不退縮逃避，面對利誘而不妄貪非份，這是人中之傑。

求人之志章第三

言志不可以妄求

絕嗜禁欲，所以除累。人性清靜，本無係累，嗜欲所牽，捨己逐物。抑非損惡，所以禳過。禳猶祈禳而去之也，非至於無抑，惡至於無損，過可以無禳矣。貶酒闕色，所以無污。色敗精，精耗則害神。酒敗神，神傷則害精。避嫌遠疑，所以不誤。於跡無嫌，於心無疑，事乃不誤爾。博學切問，所以廣知。有聖賢之質而不廣之以學問，弗勉故也。高行微言，所以修身。行欲高而不屈，言欲微而不彰。恭儉謙約，所以自守。深計遠慮，所以不窮。管仲之計，可謂能九合諸侯矣，而窮於王道。商鞅之計，可謂能強國矣，而窮於仁義。弘羊之計，可謂能聚財矣，而窮於養民，凡有窮者，俱非計也。親仁友直，所以扶顛。聞譽而喜者，不可以友直。近恕篤行，所以接人。極高明而道中庸，聖賢之所以接人也。高明者，聖賢之所獨。中庸者，眾人之所同也。任材使能，所以濟務。應變之謂材，可用之謂能。材者任之而不可使；能者使之而不可任，此用人之術也。癉惡斥讒，所以止亂。讒言惡行，亂之根也。推古驗今，所以不惑。因古人之跡，推古人之心，以驗方今之事，豈有惑哉？先揆後度，所以應卒。執一尺之度，而天下之長短盡在是矣。倉卒事物之來而應之無窮者，揆度有數也。設變致權，所以解結。有正有變，有權有經。方其正，有所不能行，則變而歸之於正也。方其經，有所不能用，則權而歸之於經也。括囊順會，所以無咎。君子語默以時，出處以道，括囊而不見其美，順會而不發其機，所以免咎。橛橛梗梗，所以立功。孜孜淑淑，所以保終。橛橛者，有所恃而不可搖。梗梗者，有所立而不可撓。孜孜者，勤之又勤。淑淑者，善之又善。立功莫如有守，保終莫如無過也。

【語譯】

摒除嗜好，禁絕欲望，才可以免除牽絆。不做錯事，避免為惡，才能解除罪愆。揚棄酒色，才能防止精神耗散。遠離嫌疑的所在，才能避開無謂的障礙。多方學習，有疑必問，才能增廣見識。砥礪德行，不在言語中逞勝，才能提昇修養。謙恭節儉，才能有所不為。考慮要周密，眼光要放遠，才能有久大的格局。親近有仁德的人，結交耿直的朋友，才能在危急的時候有所扶持。常懷寬恕心，切實循道義而行，才能處理好與大眾的關係。任用有才能的人，才能使事情妥善完成。忌憚惡行，摒斥讒言，才能防止禍亂發生。推察古往的事跡，以與當前的情況互相考校，才能不受迷惑。設定好大方針，在緊急情況時才能有所依循。順應局勢的變化，掌握重心下手，才能解決糾紛。動靜出處，皆在道中，依循而不牴觸，才能沒有過失。堅持不移，才能有所建樹。努力不懈，才能善保其終。

本德宗道章第四

言本宗不可以離道德

夫志心篤行之術，長莫長於博謀。謀之欲博。安莫安於忍辱。至道曠夷，何辱之有？先莫先於修德。外以成物，內以成己，修德也。樂莫樂於好善，神莫神於至誠。無所不通之謂神，人之神與天地參，而不能神於天地者，以其不至誠也。

明莫明於體物。記云：清明在躬，志氣如神，如是則萬物之來豈能逃吾之照乎？

吉莫吉於知足。知足之吉，吉之又吉。

苦莫苦於多願。聖人之道，泊然無欲。其於物也，來則應之，去則已之，未嘗有願也。古之多願者，莫如秦皇漢武，國則願富，兵則願強，功則願高，名則願貴，宮室則願華麗，姬嬪則願美豔，四夷則願服，神仙則願致。然而國愈貧，兵愈弱，功愈卑，名愈鈍，卒至於所求不獲，而遺狼狽者，多願之所苦也。今治國者固不可多願，至於賢人養身之方，所守其可以不約乎。

悲莫悲於精散。道之所生之謂一，純一之謂精，精之所發之謂神。其潛於無也，則無生無死無陰無陽無動無靜。其含於神也，則為明為哲為知為識。血氣之品，無不稟受。正用之則聚而不散，邪用之則散而不聚。目淫於色則精散於色矣，耳淫於聲則精散於聲矣，口淫於味則精散於味矣，鼻淫於臭則精散於臭矣。散之不已，其能久乎？

病莫病於無常。天地之所以能長久者，以其有常也。人而無常，不其病乎？

短莫短於苟得。以不義得之，必以不義失之，未有苟得而能長也。

幽莫幽於貪鄙。以身徇物，闇莫甚焉。

孤莫孤於自恃。桀紂自恃其才，智伯自恃其強，項羽自恃其勇，高、莽自恃其智，元載、盧杞自恃其狡。自恃則氣驕於外，而善不入耳。不聞善則孤而無助，及其敗，天下爭從而亡之。

危莫危於任疑。漢疑韓信而任之，而信幾叛。唐疑李懷光而任之，而懷光遂逆。

敗莫敗於多私。賞不以功，罰不以罪，喜佞惡直，黨親遠疏，小則結匹夫之怨，大則激天下之怒，此私之所敗也。

【語 譯】

大凡應銘記於心、確實實踐之道的有：最能發揮效用的，莫過於多方策劃；最能保持自我的平衡的，莫過於涵容屈辱；最為首要優先的，莫過於提昇內在的素養；最為悅樂的，莫過於不斷的趨於至善；最能契合天地造化之妙的，莫過於心志精純專一的力量；最稱明智的，莫過於能深入體察事物的各個層面；最大的福氣莫過於知足；最大的苦惱莫過於嗜欲過度；最可悲的事，莫過於精神銷散；最為缺憾的，莫過於隨境推磨，不能長久；最大的弱點，莫過於妄取非份；最昏愚的品質，莫過於受物欲驅動，貪婪無厭；造成孤立無援最大的原因，在於仗恃個人一點才智而自傲；最可危的，莫過於任用不信任的人；最容易失敗的關鍵，莫過於私心太重。

遵義章第五

言遵而行之者義也

以明示下者闇。聖賢之道，內明外晦，惟不足於明者，以明示下，乃其所以闇也。有過不知者蔽。聖人無過，可知賢人之過迷形而悟。有過不知，其愚蔽甚矣。迷而不返者惑。迷於酒者不知其伐吾性也，迷於色者不知其伐吾命也，迷於利者不知其伐吾志也。人本無迷，惑者自迷之矣。以言取怨者禍。行而言之，則機在我而禍在人；言而不行，則機在人而禍在我。令與心乖者廢。心以出令，令以行心。後令謬前者毀。號令不一，心無信而自毀棄矣。怒而無威者犯。文王不大聲以色，四國畏之。孔子曰：不怒而民威於鈇鉞。好直辱人者殃。己欲沾直名而置人於有過之地，取殃之道也。戮辱所任者危。人之云亡，危亦隨之。慢其所敬者凶。以長幼而言則齒也，以朝廷而言則爵也，以賢愚而言則德也，三者皆可敬，而外敬則齒也、爵也，內敬則德也。貌合心離者孤，親讒遠忠者亡。讒者善揣摩人主之意而中之，忠者惟逆人主之過而諫之。合意者多悅，逆意者多怒，此子胥殺而吳亡，屈原放而楚亡。近色遠賢者昏，女謁公行者亂。太平公主、韋庶人之禍是也。私人以官者浮。淺浮者不足勝名器，如牛仙客為宰相之類是也。凌下取勝者侵，名不勝實者耗。陸贄曰：名近於虛，於教為重。利近於實，於義為輕。然則實者所以致名，名者所以符實，名實相副，則不耗匱矣。略己而責人者不治，自厚而薄人者棄。聖人常善救人而無棄人，常善救物而無棄物。自厚者自滿也，非仲尼所謂躬自厚之厚也。自厚而薄人，則人將棄廢矣。以過棄功者損，群下外異者淪。措置失宜，群情隔塞，阿諛並進，私徇並行，人人異心，求不淪亡，不可得也。既用不任者疏。用賢不任則失士心，此管仲所謂害霸也。行賞吝色者沮。色有靳吝，有功者沮。項羽之頑印是也。多許少與者怨。失其本望。既迎而拒者乖。劉璋迎劉備而反拒之是也。薄施厚望者不報。天地不仁，以萬物為芻狗。聖人不仁，以百姓為芻狗。覆之載之，含之育之，豈責其報也。貴而忘賤者不久。道足於己者，貴賤不足以為榮辱。處貴則忘其賤，此所以不久也。念舊怨而棄新功者凶。切齒於睚「目此」之怨，眷眷於一飯之恩者，匹夫之量。有志於天下者，雖仇必用，以其才也。雖怨必錄，以其功也。漢高祖侯雍齒，錄功也。唐太宗相魏鄭公，用才也。用人不得正者殆，彊用人者不畜。曹操彊用關羽而終而歸劉備，此不畜也。為人擇官者亂，失其所彊者弱。有以德彊者，有以人彊者，有以勢彊者，有以兵彊者。堯舜有德而彊，桀紂無德而弱，湯武得人而彊，幽厲失人而弱。周得諸侯之勢而彊，失諸侯之勢而弱。唐得府兵而彊，失府兵而弱。其於人也，善為彊，惡為弱。其於身也，性為彊，情為弱。決策於不仁者險。不仁之人，幸災樂禍。陰計外泄者敗。

厚斂薄施者凋。凋，削也。文中子曰，多斂之國，其財必削。戰士貧游士富者衰。游士鼓其頰舌，惟幸煙塵之會。戰士奮其死力，專捍疆場之虞。富彼貧此，兵勢衰矣。貨賂公行者昧。私昧公，曲昧直也。聞善忽略，記過不忘者暴。暴則生怨。所任不可信，所信不可任者濁。濁，溷也。牧人以德者集，繩人以刑者散。刑者原於道德之意而恕在其中，是以先王以刑輔德而非專用刑者也。故曰牧之以德則集，繩之以刑則散。小功不賞則大功不立，小怨不赦則大怨必生。賞不服人，罰不甘心者叛。人心不服則叛也。賞及無功，罰及無罪者酷。非所宜加者酷。聽讒而美，聞諫而仇者亡。能有其有者安，貪人之有者殘。有吾之有則心逸而身安。

【語譯】

對待部屬特意擺出一副精明相的，反而自暴其短。不知道自己的過失所在，這才是真正的盲點。耽溺而不能自制，就不能作正確的判斷。不當說而說，引起怨懟，是自取其禍。發出的命令與心裏的意圖不合的，這樣的命令是不能貫徹的命令。朝令夕改，是自毀其信。沒有威信而輕易動怒，反而招致輕視挑釁。隨意當面折辱人，早晚遭殃。對於自己任用的人肆意誅殺輕侮，將招來危機。怠慢應當尊敬的人，大禍就會臨頭。表面團結，其實離心離德，臨事將孤立無援。親近口才便給的小人，疏遠耿介忠直之士，必亡無疑。好女色遠賢人，必然昏憒。信用側近婦人，大亂也就不遠了。把官位犒賞私佞，政治名器就浮濫了。對自己的部屬忌才爭勝，將招致冒犯。有其名而無其實，是在折損自己的威信。不反省自己，一味要求別人，政治不會上軌道。自己佔盡好處，別人什麼也分不到，早晚眾叛親離。因為後過而盡棄前功，部屬必然寒心。一待部屬離心，淪亡便指日可待。用人而心存猜忌，就失了部屬的心。獎賞部屬時吝惜之色溢於言表的，會大大打擊部屬的忠誠。許諾很多，給的很少，必然引起埋怨。大力邀聘而來，臨時又猜忌排拒，將反目成仇。施以小惠而期望厚報，不會得到感激報答。一旦富貴就忘了貧賤之時，這樣的富貴也不會久長。對於舊怨念念不忘，新的功勞卻隻字不提，將釀成大禍。不循正當途徑用人，不會有好的結果。勉強別人為己效命，終究不能長久。私心用人安插官位，將紊亂體制。不能保持自己優勢所在者，必然削弱。讓幸災樂禍的不仁人定計策，是危險的事。私下策劃的計謀若事機洩露，則必敗無疑。一味剝削百姓而沒有適當的回饋，國力必然凋落。賣命的戰士一無所得，而播弄口舌的游士大富大貴，國力必然衰弱。公然收受賄賂，就沒有是非可言。對於善言善行不在意，對過惡則銘記於心，必然苛暴御下。只用不可信的人，只信不可用的人，這樣的政治必趨於同流合污。以德治民，人民必來。用刑威迫百姓，百姓必然逃散。小功不加獎賞，部屬就無心立大功。小怨也窮追到底，必然累積成大怨。賞罰不公，人心不服，必至叛變。濫賞以至於無功的也賞，濫罰以至於無罪的也罰，這是酷政。樂聽讒言，而仇視逆耳忠言，覆亡必指日可待。能滿足於自己所有者，自然安樂；覬覦貪圖別人所有者，將步上覆亡。

安禮章第六 言安而履之之謂禮

怨在不捨小過，患在不預定謀。福在積善，禍在積惡。善積則致於福，惡積則致於禍。無善無惡，則亦無禍無福矣。

饑在賤農，寒在惰織。安在得人，危在失事。富在迎來，貧在棄時。唐堯之節儉，李悝之盡地利，越王句踐之十年生聚，漢之平準，皆所以迎來之術也。上無常躁，下無疑心。躁動無常，喜怒不節，群情猜疑，莫能自安。輕上生罪，侮下無親。輕上無禮，侮下無恩。近臣不重，遠臣輕之。淮南王言，去平津侯如發蒙耳。自疑不信人，暗也。自信不疑人。明也。枉士無正友。李逢吉之友，則八十六子之徒是也。曲上無直下。元帝之臣則弘恭石顯是也。危國無賢人，亂政無善人。非無賢人善人，不能用故也。愛人深者求賢急，樂得賢者養人厚。人不能自愛，待賢而愛之。人不能自養，待賢而養之。國將霸者士皆歸。趙殺鳴犢，故夫子臨河而返。邦將亡者賢先避。微子去商，仲尼去魯是也。地薄者大物不產，水淺者大魚不遊，樹禿者大禽不棲，林疏者大獸不居。此四者以明人之淺則無道德，國之淺則無忠賢也。山峭者崩，澤滿者溢。此二者明過高過滿之戒也。棄玉取石者盲。有目與無目者同。羊質虎皮者辱。有表無裏與無表同。衣不舉領者倒。當上而下。走不視地者顛。當下而上。柱弱者屋壞，輔弱者國傾。才不勝任謂之弱。足寒傷心，人怨傷國。夫沖和之氣生於足而流於四肢，而心為之君。氣和則天君樂，氣乖則天君傷矣。山將崩者下先隳，國將衰者人先弊。自古及今，生齒富庶，人民康樂而國衰者未之有也。

根枯枝朽，人困國殘。長城之役興而秦殘，汴渠之役興而隋殘。與覆車同軌者傾，與亡國同事者滅。漢武欲為秦皇之事，幾至於傾，而能有終者，末年哀痛自悔也。桀紂以女色亡，而幽王之褒姒同之。漢以閹宦亡而唐之中尉同之。見已生者慎將生，惡其跡者須避之。已生者見而去之也，將生者慎而弭之也。惡其跡者，急履而惡路，不若廢履而無行。妄動而惡知，不若絀心而無動。畏危者安，畏亡者存。夫人之所行有道則吉，無道則凶。吉者百福所歸，凶者百禍所攻。非其神聖，自然所鍾。有道者非以求福，而福自歸之。無道者畏禍愈甚，而禍愈攻之。豈有神聖為之主宰？乃自然之理也。務善策者無惡事，無遠慮者有近憂。同志相得。舜則八元八凱，湯則伊尹，孔子則顏回是也。同惡相黨。商紂之徒億萬，盜蹠之徒九千是也。同愛相求。愛財則聚斂之士求之，愛武則談兵之士求之，愛勇則樂傷之士求之，愛仙則方術之士求之。愛符瑞則矯誣之士求之。凡有愛者，皆情之偏，性之蔽也。同美相妬。女則武后、韋庶人、蕭良娣是也，男則趙高、李斯是也。同智相謀。劉備、曹操、翟讓、李密是也。同貴相害。勢相軋也。同利相忌。害相刑也。同聲相應，同氣相感。五行五氣五聲，散於萬物，自然相感應也。同類相依，同義相親，同難相濟。六國合縱而拒秦，諸葛通吳以敵魏，非有仁義存焉，特同難耳。

同道相成。漢承秦後，海內凋弊，蕭何以清靜涵養之。何將亡，念諸將俱喜功好動，不足以知治道，時曹參在齊，嘗治蓋公黃老之術，不務生事，故引參以代相。同藝相規。李醯之賊扁鵲，逢蒙之惡后羿是也。規者，非之也。同巧相勝。公輸子九攻，墨子九拒是也。此乃數之所得，不可與理違。自同志下皆所行所可預知，智者知其如此，順理則行之，逆理則違之。釋己而教人者逆，正己而化人者順。教者以言，化者以道。老子曰：「法令滋彰，盜賊多有」，教之逆者也。「我無為而民自化，我無欲而民自朴」，化之順者也。逆者難從，順者易行。難從則亂，易行則理。天地之道，簡易而已。聖人之道，簡易而已。順日月而晝夜之，順陰陽而生殺之，順山川而高下之，此天地之簡易也。順夷狄而外之，順中國而內之，順君子而爵之，順小人而役之，順善惡而賞罰之，順九土之宜而賦斂之，順人倫而序之，此聖人之簡易也。夫烏獲非不力也，執牛之尾而使之卻行，則終日不能步尋丈。及以環桑之枝貫其鼻，三尺之綯繫其頸，童子服之，風於大澤，無所不至者，勢順也。如此理身、理家、理國可也。小大不同，其理則一。

【語譯】

招致怨尤的原因，是對別人的小過失念念不忘。發生問題的根源，在於沒有事先籌劃。積善可以得福，積惡將會生禍。糧食不足，是因為沒有重視農業。衣裳不夠，是因為不勤於紡織。保持安定，在於有賢人輔助。發生危機，是因為執行失誤。富國的關鍵在於爭取人民來歸。國用不足，是因為耽誤了農業生產的節氣。君主沒有喜怒無常的躁動，臣下就不會猜疑不安。臣子怠慢君主，大禍將臨頭。君主輕侮臣子，下屬將離心。所用的核心機要大臣如果不威重，外臣將有輕視挑釁的意態。對自己沒有信心的人，也不能信任人。對自己有信心的人，才能用人不疑。邪枉的人，不會有正直的朋友。在上位的人心術不正，所用的人也不會是個人才。所以在混亂顛危的朝廷裏沒有賢人善人，因為沒有任用賢人善人。愛民的君主，對於訪求賢才特別重視，樂於舉用賢才的人，特別照顧人民。國家將興盛的時候，有才能的人都前來效命。國家將滅亡的時候，賢能的人都先行離去。這個道理就如同貧瘠的地方生不了巨木，水淺的地方養不了大魚，枯枝上大鳥不願棲息，稀疏的小林子裏藏不了巨獸一樣。山壁太過陡峭容易崩塌，水澤太滿容易溢漲。不能分辨玉和石的好壞，那無異於目盲。內心怯懦卻外表剛厲，那會自取其辱。凡事有重點要領，好比拿衣服應提領口，走路應該看地一般。樑柱太脆弱，屋子必易崩壞。國家沒有賢人輔佐必將傾亡。足部受寒，心臟也會連帶損傷。人民怨恨，國君也定然連帶受影響。高山崩塌，往往是由底層先流失。國家將衰亡，往往是從人民的困苦開始。樹根既枯，枝幹也就朽了。人民窮困，國家也就殘破了。隨著翻覆的前車的車轍走，也會跟著傾倒。和覆亡的國家做同樣的事，也會跟著滅絕。見到已經萌兆的跡象，就應謹慎處理後續即將發生的事故。厭惡已經存在的事跡，就應避免重蹈覆轍。能夠慎防危機的，才能安定；隨時警覺覆亡的，才能久存。一個人的行為若合於道的才能無往不利，不合於道的自然處處危機。所謂的吉就是各種有利的條件都齊聚，所謂的凶就是各種災禍紛紛降臨。這其中並沒有什麼神秘不可測的原因，而是自然而然如此。隨時細密籌劃的，不會遇到壞事。決策時沒有長遠眼光的，眼前就會碰上困難。志同道合的人，可以相得益彰。有同樣仁愛胸懷的人，可以共同分憂。有同樣惡劣人格的，也會彼此勾結在一起。有同樣嗜好的人，會彼此吸引。有同樣美才的人，往往互相嫉妒。有同樣智謀的人，經常相互算計。有同樣顯赫地位的人，則時時傾軋爭勝。有同一利害關係的人，不免勾心鬥角。就感應的道理來說，同樣的聲調會彼此呼應，同屬一氣的事物，會彼此吸引，同一類的性質，會相互依存。有同樣行為規範的人，會結交親近。遇到共同的患難，自然同舟共濟，合作解決。有同樣做法的人，會彼此扶攜。有同樣技藝的人，往往相互中傷。有同樣技術的人，不免較量爭強。這是自然的定數，本來如此，違背不得。不反省自己，只是一味要求別人的，沒有人會聽從。先拿自己做好榜樣來感化別人的，自然能使人心悅誠服。違背道理強求的，不足為法，順著道理去做的，才能行得通。不足為法而去做，必然出亂事，行得通才去做，自可水到渠成。拿這個道理來，不論是用來修身、齊家、還是治國，都是可以準此而行的。

古籍今注新譯叢書書目

中國人的第一次——

絕無僅有的知識豐收、視覺享受

集兩岸學者智慧菁華

推陳出新　字字珠璣　案頭最佳讀物

【哲學類】

書名	注譯	校閱
新譯尹文子	徐忠良	黃俊郎
新譯淮南子	熊禮匯	侯迺慧
新譯潛夫論	彭丙成	

書名	注譯	校閱
新譯鄧析子	徐忠良	
新譯韓非子	賴炎元 傅武光	
新譯尸子讀本	水渭松	陳滿銘

書名	注譯	校閱
新譯四書讀本	謝冰瑩 邱燮友 李　鍌 劉正浩 賴炎元 陳滿銘	
新譯申鑒讀本	林家驪 周明初	周鳳五
新譯老子讀本	余培林	
新譯列子讀本	莊萬壽	
新譯孝經讀本	賴炎元 黃俊郎	
新譯易經讀本	郭建勳	黃俊郎
新譯荀子讀本	王忠林	
新譯莊子讀本	黃錦鋐	
新譯新書讀本	饒東原	黃沛榮

書名	注譯	校閱
新譯新語讀本	王　毅	黃俊郎
新譯管子讀本	湯孝純	李振興
新譯墨子讀本	李生龍	李振興
新譯論衡讀本	蔡鎮楚	周鳳五
新譯禮記讀本	姜義華	黃俊郎
新譯孔子家語	羊春秋	周鳳五
新譯公孫龍子	丁成泉	黃志民
新譯老子解義	吳　怡	
新譯呂氏春秋	朱永嘉 蕭　木	黃志民
新譯晏子春秋	陶梅生	傅武光
新譯明夷待訪錄	李廣柏	李振興

書名	注譯	校閱
新譯千家詩	邱燮友、劉正浩	
新譯花間集	朱恒夫	
新譯幽夢影	馮保善	
新譯菜根譚	吳家駒	
新譯搜神記	黃　鈞	陳滿銘
新譯薑齋集	平慧善	周鳳五
新譯詩品讀本	程章燦	
新譯詩經讀本	滕志賢	
新譯楚辭讀本	傅錫壬	
新譯漢賦讀本	簡宗梧	
新譯人間詞話	馬自毅	高桂惠
新譯文心雕龍	羅立乾	李振興
新譯世說新語	邱燮友、劉正浩	

書名	注譯	校閱
新譯古文觀止	陳滿銘、許錟輝、黃俊郎、謝冰瑩、邱燮友、林明波、左松超、應裕康、黃俊郎、傅武光、黃志民	
新譯江文通集	羅立乾、劉良明	
新譯阮步兵集	林家驪	
新譯明散文選	周明初	
新譯明傳奇選	張宏生	

書名	注譯	校閱
新譯昭明文選	崔富章	劉正浩
	朱宏達	陳滿銘
	周啟成	沈秋雄
	張金泉	黃俊郎
	水渭松	黃志民
	伍方南	周鳳五
		高桂惠
新譯唐傳奇選	束　忱	侯迺慧
	張宏生	
新譯曹子建集	曹海東	
新譯陸士衡集	王雲路	
新譯陶淵明集	溫洪隆	
新譯陶庵夢憶	李廣柏	
新譯揚子雲集	葉幼明	周鳳五
新譯嵇中散集	崔富章	
新譯賈長沙集	林家驪	陳滿銘

書名	注譯	校閱
新譯橫渠文存	張金泉	
新譯顧亭林集	劉九洲	
新譯元曲三百首	賴橋本	
	林玫儀	
新譯宋元傳奇選	姚　松	
新譯宋詞三百首	汪　中	
新譯唐人絕句選	卞孝萱	
	朱崇才	
新譯唐詩三百首	邱燮友	
新譯諸葛丞相集	盧烈紅	
新譯駱賓王文集	黃清泉	
新譯昌黎先生文集	周啟成	
	周維德	
新譯范文正公文集	王興華	
	沈松勤	

【歷史類】

書名	注譯	校閱
新譯公羊傳	雪　克	
新譯列女傳	黃清泉	陳滿銘
新譯越絕書	劉建國	黃俊郎
新譯燕丹子	曹海東	李振興
新譯戰國策	溫洪隆	陳滿銘
新譯左傳讀本	郁賢皓	
新譯尚書讀本	吳　璵	
新譯尚書讀本	張持平	
新譯國語讀本	易中天	侯迺慧
新譯新序讀本	葉幼明	黃沛榮
新譯說苑讀本	左松超	
新譯說苑讀本	羅少卿	周鳳五
新譯西京雜記	曹海東	李振興
新譯吳越春秋	黃仁生	李振興
新譯東萊博議	李振興 簡宗梧	

【宗教類】

書名	注譯	校閱
新譯山海經	楊錫彭	
新譯列仙傳	張金嶺	陳滿銘
新譯抱朴子	李中華	黃志民
新譯金剛經	徐興無	侯迺慧
新譯神仙傳	徐志嘯	
新譯高僧傳	趙　益	
新譯六祖壇經	李中華	
新譯老子想爾注	顧寶田 張忠利	傅武光
新譯周易參同契	劉國樑	
新譯黃帝陰符經	劉連朋	
新譯道門觀心經	王　卡	
新譯養性延命錄	曾召南	劉正浩
新譯沖虛至德真經	張松輝	周鳳五

教育類

書名	注釋	校閱
新譯三字經	黃沛榮	
新譯幼學瓊林	馬自毅	陳滿銘
新譯顏氏家訓	李振興 黃沛榮 賴明德	

地志類

書名	注譯	校閱
新譯水經注	鞏本棟 王一涓	
新譯大唐西域記	陳　飛 凡　評	黃俊郎
新譯洛陽伽藍記	劉九洲	侯迺慧
新譯徐霞客遊記	黃　珅	

軍事類

書名	注譯	校閱
新譯司馬法	王雲路	
新譯尉繚子	張金泉	
新譯三略讀本	傅　傑	
新譯六韜讀本	鄔錫非	
新譯吳子讀本	王雲路	
新譯孫子讀本	吳仁傑	
新譯李衛公問對	鄔錫非	

政事類

書名	注譯	校閱
新譯唐六典	朱永嘉	
新譯商君書	貝遠辰	陳滿銘
新譯鹽鐵論	盧烈紅	黃志民
新譯貞觀政要	許道勳	陳滿銘